U0528353

# 南宋四雅

## 书画器物中的南宋生活美学

许丽虹　梁慧　著

浙江大学出版社
·杭州·

# 序

  长期以来，对北宋的研究较为广泛和深入，对南宋的研究则显得单薄。究其原因，北宋因有后继者南宋，其史料得到了较好保存，但南宋的史料，却因南宋的灭亡而大量散失。又因为南宋"偏安一隅"，给人以文弱的错觉，认为不必大费周章。

  宋代三百一十九年中，北宋一百六十七年，南宋一百五十三年（北宋亡、南宋建立之年重叠），几乎对半，尤其是大蒙古国的铁骑席卷亚欧大地，强横邻国西夏、金朝相继被灭后，南宋还能坚持抵抗近半个世纪之久。钓鱼城之战，被称为"上帝折鞭处"，甚至间接地改写了世界史，西征的大蒙古国军队急忙东还，亚欧大陆的众多国家得以保全。

  也因此，南宋值得我们投注更多的目光。

  南宋崇尚并发扬光大了范仲淹、欧阳修、晏殊、司马光、王安石、苏轼等人的精气神，又有朱熹、岳飞、李清照、陆游、杨万里、文天祥等闪闪发光的人生典范，他们构建了我们的精神家园。

  南宋有个美丽的皇宫，就在我们身边。皇宫周围可以摆小摊，卖花卖杂货卖小吃。宋朝人称他们的皇帝为"官家"。皇帝出门，市民可以挤在路边看。皇帝会穿着便装去街上吃"宋嫂鱼羹"。公主与驸马游西湖,"倾城纵观,都人为之罢市"。皇家园林,如聚景园、真珠园、南屏园、集芳园、玉壶园等等,定期对市民开放。

在南宋人眼里,落花很美,枯木也美,云烟很美,冰裂纹亦自有其美。寻常一样家常事,他们却从中提炼出高雅的情趣。南宋的情趣,清素淡雅、纯净细腻,不华丽不繁复,完全不表现,却很美,美得让人宁静安心。

我们爱南宋,其中重要的一个方面是爱宋式生活美学,因为它满足了今人对于生活的憧憬与期待。

宋式生活美学,是有具体内容的。《梦粱录》总结南宋人的生活方式是"烧香点茶,挂画插花,四般闲事,不宜戾家"。"戾家"是外行人的意思。烧香是嗅觉之美,点茶是味觉之美,挂画是视觉之美,而插花则是触觉之美。这四艺,都不是宋人的创造,但宋人赋予了其风雅的品质,并由此奠定了后世风雅的基调。

细品"四雅"之滋味,或许可在一个春日,邀三五好友,在湖山之间,抚琴、调香、赏花、观画、弈棋、烹茶、听风、观瀑、清谈、作诗。或许可在冬雪日房间里,独自插一枝梅、焚一缕香、煮一壶茶、赏一幅画……

如此,万物静观皆自得。

## 插花篇

- （一）繁花似锦 　　003
- （二）日常插花 　　006
- （三）瓶花的门类 　　007
  - 1. 南宋皇宫的插花品味是什么？　　009
  - 2. 北宋为何吹起复古风？　　010
  - 3. 复古风如何影响到插花？　　014
  - 4. 青瓷怎么会脱颖而出？　　016
  - 5. 仿古青瓷的主要种类　　016
  - 6. "一枝瓶"魅力何在？　　025
  - 7. "大内筒"是南宋皇宫遗珍吗？　　029
  - 8. "梅瓶"是用来插梅花的吗？　　031
  - 9. 南宋人插梅到底用的是什么瓶？　　036
  - 10. 胆瓶有多少近亲？　　038
- （四）盘花种种 　　042
  - 1. 大名鼎鼎的"一年景"到底是什么？　　043
  - 2. 被神圣化的水仙盆　　044
  - 3. "隆盛篮"讲究知多少？　　045
  - 4. 德寿宫插花的秘密武器　　049
  - 5. 令观者一头雾水的瓷器品种　　052
- （五）插花的意义到底何在？ 　　055

南宋四雅
书画器物中的南宋生活美学

― 焚香篇 ―

（一）红雾香中拥玉皇　　　　　　　　　060
（二）南宋香品知多少？　　　　　　　　064
　　1.宫中第一香是什么香？　　　　　　064
　　2.宫中第二香为何取名不风雅？　　　072
　　3.令士大夫们销魂的"销魂香"　　　077
　　4.宋人经常提到的"脑子"到底是什么？　082
　　5.海南沉香为何拔得头筹？　　　　　084
（三）南宋香炉之美　　　　　　　　　　089
　　1.宋徽宗喜欢什么样的香炉？　　　　089
　　2.宫中美人秋思多　　　　　　　　　096
　　3.宋代出镜率最高的香炉是哪款？　　101
　　4.什么是"燕居焚香"？　　　　　　104
　　5.一个残破的鸭头凭什么成为国家一级文物？　110
　　6.佛教鹊尾炉为何在宋代士大夫中流行？　116
　　7."香车"到底是什么车？　　　　　120
（四）令人遐想的焚香方式　　　　　　　125
　　1.什么是真正的"红袖添香"？　　　125
　　2.荡气回肠之篆香　　　　　　　　　132
　　3.为何说"炉瓶三事"能辅助判断宋画的真假？　135

## 点茶篇

### （一）宋徽宗的茶会有何亮点?     145
    1.茶汤御政道     145
    2.皇家"曲宴"的光华     146
    3.宋徽宗的《文会图》     148

### （二）北苑贡茶为何能屡创奇迹?     151
    1.宋代第一名茶明明在南方，为何叫"北苑贡茶"?     151
    2.第一个制高点：龙凤团茶     151
    3.第二个制高点：小龙凤     152
    4.第三个制高点：密云龙     154
    5.第四个制高点：龙团胜雪     156
    6.南宋时代之"北苑试新"     156

### （三）西湖龙井为何未能成为南宋第一贡茶?     158
    1."安吉白茶"非宋徽宗指认的白茶     158
    2.茶圣陆羽评为"天下第一茶"的是什么茶?     158
    3."顾渚紫笋"是绿茶吗?     161
    4.南宋时有没有西湖龙井?     163

### （四）宋代品茶第一人斗茶输在哪里?     164
    1.宋代最懂茶的人是谁?     164
    2.最懂茶的人斗茶斗输了是真事吗?     166

3.水对茶的重要性　　　　　　　　　　　166
4.用什么水点茶最好？　　　　　　　　167
5.苏轼爱用什么水点茶？　　　　　　　169
6.什么水打败了"茶状元"？　　　　　170

（五）南宋茶碗怎么成了日本国宝？　　　172
1.宋代老茶客有专用茶壶吗？　　　　172
2.建盏之美　　　　　　　　　　　　173
3.最神奇的两个字：焕发！　　　　　175
4.南宋建盏之曜变　　　　　　　　　176
5.国内半只曜变的观看感受　　　　　183
6.南宋建盏为何成了日本国宝？　　　185
7.建盏与日本茶道　　　　　　　　　186

（六）南宋"十二先生"你知道哪几位？　187
1.宋仁宗的"仁"，实至名归　　　　187
2.宋代点茶到底要用到哪些茶具？　　190

（七）点茶心得知多少？　　　　　　　　215
1.苏轼示范"煎茶""煮茶""点茶"的区别　215
2.候汤难在哪里？　　　　　　　　　219
3.净慈寺的点茶"三昧手"　　　　　222

4. 神秘的"天台乳花" 223
5. 《七碗茶歌》之卢仝 224
6. 风行朝野的"茗战" 224
7. 披落纷华,而造平淡 227

## 挂画篇

**（一）好大的宋画**    232
    1. 看真迹的重要性    232
    2. 屏风自古有之，为何在宋代变得突出了？    235
    3. 北宋的屏风画如何影响了南宋绘画？    248
    4. 南宋画屏有多风流潇洒？    258

**（二）隽永的扇画**    266
    1. 宋画断代的细节精髓    266
    2. 扇画在南宋盛行的原因    267
    3. 小小扇画上的写实功夫    269
    4. "格物致知"理念在扇画上的折射    276
    5. 宋代画院画家的优势到底在哪里？    277
    6. 小品画更能引起现代人的共鸣    287

**（三）南宋皇室与宋画的相互成全**    302
    1. 美丽的南宋皇宫你可曾见过？    302
    2. 亲自出镜的南宋帝王    312

# 插花篇

南·宋·四·雅

书画器物中的南宋生活美学

## （一）繁花似锦

南宋淳熙十三年（1186）正月初一，杨万里官帽上插起了富贵吉祥的大朵牡丹花。这天孝宗替高宗祝寿，高宗八十岁了。那盛况，仪仗就用了五百三十多人，乐工二百三十多人。从凤凰山皇宫到德寿宫的路上，所有的官员、禁卫、吏卒、乐工，帽上都插了花。当时满朝大臣很激动，都动笔写这一盛况，杨万里写得最好："牡丹芍药蔷薇朵，都向千官帽上开。""长乐宫前望翠华，玉皇来贺太皇家。青天白日仍飞雪，错认东风转柳花。"

男子头上戴花，古已有之，不过那是在头上插茱萸、菊花，以辟邪求吉利。宋朝从宋太宗开始，皇帝会为每年的新晋进士摆喜宴簪花。"宝津南殿，宴坐近天颜。金杯酒，君王劝。头上宫花颤。"男子簪花成了特殊的礼仪制度。

宋代宫廷里的花叫"宫花"，戴花的礼仪也有讲究：皇帝生日宴会，戴的是绢帛做成的花，以示节俭；举行国宴，戴的是罗帛做成的花，素雅庄重；在欢庆场所，则能戴上皇帝赐的缕金花，表示喜庆。

当然，皇帝有时也赐百官鲜花。宋真宗一次设宴，就赐给官员们每人一枝牡丹花。他还亲自赠花给寇准，说："寇准年少，正是戴花吃酒时。"让当时在场的人好生羡慕。司马光曾在《训俭示康》中写到，自己出身寒门，天生就不喜欢豪华奢靡，他中进士时，喜宴上受赐簪花，他不想戴。身旁有人劝解，簪花事小，前途事大，"君赐不可违也"，他才勉强把花簪上。

德寿宫这一路的花，一下子从哪里取来？不急，皇宫北大门（现凤凰山脚路口）就有鲜花市场。杨万里早上去皇宫给太子讲课，《经和宁门外卖花市见菊》写道："千株万株都不看，一枝两枝谁复贵？平地拔起金浮屠，瑞光千尺照碧虚……君不见内前四时有花卖？和宁门外花如海。"而在御街中段（现官巷口一带）也有个著名花市，卖的大多是饰品花，如绢花、帛花、珠花等，用于帽饰、钗环、领抹、衣饰等。

不仅花市，平时亦有走街串巷的流动花担。李清照《减字木兰花》道："卖花担上，买得一枝春欲放。泪染轻匀，犹带彤霞晓露痕。"陆游《临安春雨初霁》道："小楼一夜听春雨，深巷明朝卖杏花。"

南宋时，花木栽培的技艺提高了。马塍路一带已有纸糊密室做成温室养花的，有凿地作坑，坑内置沸汤熏蒸以促花早开的，等等。花卉的品种也比以前多了。一来是由于南宋海运发达，东西方之间接触渐繁，花卉的相互引种也进一步得到发展。二来是由于花木栽培技艺提高，各种嫁接品种层出不穷。一年四季，月月有花可赏。

宋代的繁花也反映在宋画中，因为宋画以写实著称。如赵昌《岁朝图》，全图以奇石为中心，以山茶、梅花、水仙等花卉铺满整个视野，颜色鲜亮，迎春怒放，繁花似锦，正合一年岁初之时的好寓意。

宋 李迪《花鸟图》 台北故宫博物院藏
宋 赵昌《岁朝图》 台北故宫博物院藏

## （二）日常插花

花朵在南宋如此融入生活，从另一个角度也可见插花已成为日常生活中不可或缺的一部分。

插花起源于佛前供花。有一幅宋画正能说明其场景。在苏汉臣《灌佛戏婴图》中，四个孩子在玩"过家家"：一个手抬佛像，一个手持水瓶灌佛，一个跪着模仿大人拜佛，还有一个手捧花盆礼佛。他们在模仿浴佛仪式。

宋 苏汉臣《灌佛戏婴图》 台北故宫博物院藏

佛前供花,也叫清供,指以清新雅致之器供上圣洁高贵之物。宋代相比于唐,政治经济文化中心向南转移了很多。境内大多四季分明,花卉种类繁多,民间插花盛行。欧阳修在《洛阳牡丹记》中写道:"洛阳之俗,大抵好花。春时,城中无贵贱,皆插花,虽负担者亦然。"南宋更是南移,吴自牧在《梦粱录》"茶肆"条下记载:"汴京熟食店,张挂名画,所以勾引观者,留连食客。今杭城茶肆亦如之,插四时花,挂名人画,装点店面。"

插花技艺的总结也时时能见。南宋初期温革在《分门琐碎录》"种艺·杂说"中记道:"牡丹、芍药插瓶中,先烧枝断处,令焦,镕蜡封之,乃以水浸,可数日不萎。蜀菊插瓶中即萎,以百沸汤浸之,复苏,亦烧根。""瓶内养荷花,先将花到之,灌水令满,急插瓶中,则久而不蔫。或先以花入瓶,然后注水,其花亦开。""菊花根倒置,水一盏,剪纸条一枚,湿之,半缠根上,半在盏中,自然引上,盖菊根恶水也。"还写到冬日护瓶法:"冬间,花瓶多冻破,以炉灰置瓶底下则不冻,或用硫黄置瓶内,亦得。"林洪在《山家清事》中也写到"插花法":"插梅每旦当刺以汤。插芙蓉当以沸汤,闭以叶少顷。插莲当先花而后水。插栀子当削枝而捶破。插牡丹、芍药及蜀葵、萱草之类,皆当烧枝则尽开。能依此法,则造化之不及者全矣。"

宋代插花主要有两种形态:瓶花和盘花。

## (三) 瓶花的门类

瓶花,是将一束花插入瓶中,花瓶有直有圆。瓶花的造型是立式的,因瓶口较窄较小,瓶肚较大,盛水量也较大,所需花材较少,插花造型也简单明快。

如宋佚名《盥手观花图》,描绘一贵族女子刚完成插花,正在

南宋四雅
书画器物中的南宋生活美学

宋 佚名《盥手观花图》 天津艺术博物馆藏

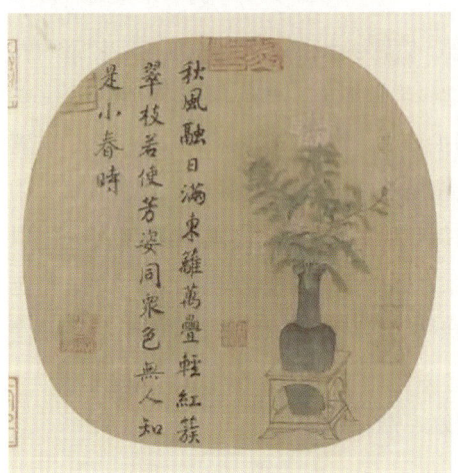

宋 佚名《胆瓶秋卉图》 故宫博物院藏

宋 六角刻花银瓶置 东阳市博物馆藏

008

盆中洗手并回首欣赏自己刚刚完成的作品。案前小方几上置直式大花瓶，瓶中插三色牡丹。女子侧身回眸的动态颇有"人面牡丹相映红"的意境。

当然，由于瓶身瘦长，底部较小，如果花束较大，瓶身还会加一个架子固定。相应的架子有出土实物可参考。如故宫博物院藏宋代佚名《胆瓶秋卉图》中，由于花瓶底部较小，加了个架子予以固定。这类架子也有出土实物，东阳市博物馆就藏有一个六角刻花银瓶置。

**1. 南宋皇宫的插花品味是什么？**

南宋皇宫中插花是怎样的呢？《武林旧事》卷二"赏花"说"堂内左右各列三层"，放的是玉刻花瓶，以及水晶、金、阿拉伯进口玻璃等材质的花瓶，以及官窑瓷瓶。插的花是牡丹，品种有姚黄、魏紫、御衣黄、照殿红等，有几千朵。另外以方形花盆，分种千百株，放置在四周。至于梁栋窗户间，也以湘竹筒插花，鳞次簇插，何止万朵。

具体到宋高宗，他的插花品味是什么？淳熙六年（1179）三月十五日，宋孝宗陪同太上皇、太后游幸皇家苑囿聚景园，饮酒观歌舞后，到锦壁堂赏牡丹。三面漫坡，牡丹千余丛。又另外剪了样子出众的牡丹一千朵，用来插花。配的花瓶有水晶的，玻璃的，天青汝窑的，以及金的。这中间，特别安置了一架沉香小桌，上面安放的花瓶是白玉刻花商尊，即仿照商代青铜尊的式样与花纹做的白玉花瓶，约高二尺，径二尺三寸[①]，内插品名为"照殿红"的牡丹十五枝。

读了文字还是想象不出沉香小桌上的插花场景吗？没关系，有一幅宋画《华春富贵图》正可以重现该场景，只要将瓶中之花换成

---

① 一尺约合0.33米，一寸等于十分之一尺。

宋 佚名《华春富贵图》 台北故宫博物院藏
宋 佚名《花王图》 台北故宫博物院藏

同是宋画的《花王图》中的牡丹。

**2. 北宋为何吹起复古风？**

宋高宗对最为尊贵的花瓶的选择为何是"商尊"呢？这从一幅画可以解释。宋高宗是宋徽宗的儿子，宋徽宗画的《听琴图》中就有插花。

《听琴图》画前方有一玲珑山石，石上有一古鼎，鼎中插一花枝。赵希鹄《洞天清录》中说道："弹琴对花，惟岩桂、江梅、茉

宋 宋徽宗《听琴图》 故宫博物院藏

莉、荼蘼、檐葡等香清而色不艳者方妙。若妖红艳紫,非所宜也。"玲珑山石是宋徽宗的品味,而所绘古鼎中插的花,即为岩桂,花枝疏朗,姿态清丽,绝无艳俗之气。

但花瓶为何是一古鼎?从图上看,此鼎似为商代鬲鼎式样,平沿外出,方唇,直颈内收,双立耳,腹部饱满,兽蹄形素面三足。颈部饰一周夔龙纹,腹部与足部对应处饰三组神秘的饕餮纹,接近腹底也装饰一周夔龙纹,腹部有"出戟"装饰。

如果你了解北宋曾刮过一阵强大的复古风,你就会明白那不是古意，而是实实在在的三代青铜器实物。

历经五代十国纷乱之后，宋代的统治者急需巩固自己的统治。如何"长治久安"？他们的眼光越过了汉唐，直追"三代"，即要恢复周的礼制。

汉唐那么辉煌，干吗要越过？这里有个不可忽视的因素：气候。

北宋太宗雍熙二年（985）开始，气候急遽转寒，中华大地进入第三个小冰期。在寒冷气候下，人的心境是会发生变化的。宋代出现了理学，心境上强调"静观万物"。有人说宋代知识分子了不起，他们看不起汉唐，要直追夏商周三代。换个角度看，这个太正常了，大汉大唐，虽盛大，却气候温暖，与宋代社会所处的环境不一样。哪个朝代才相近呢？只有西周。西周与北宋，是气候曲线的两个漏斗，较为接近。而所谓直追夏商周三代，夏至今未确认，无从追起。商的大部分没有文字记载，追不到。其实真正能追到的也就是西周。

唐代气温高，人们气血向外，强调自我。宋代气温低，人们气血内收，低调保守。所以，伦理道德乃至统治秩序急需重建，周的礼制成为理性追求的目标。

宋人在向古之贤人求索时，发现世传文献经典多有错漏、窜改和被误解的地方，于是，兴起一股"博古风"，出现了对古物品的收藏和研究的热潮。他们试图通过"摩挲钟鼎，亲见周商"，真正理解古人理念。"金石学"应时而生。

所谓"金石学"，"金"指古代青铜器，"石"是石刻碑碣等有文字的资料，包括带文字的竹简、甲骨、玉器、陶瓦器等等。

据统计，宋人编撰的金石学著作有一百一十九部之多，如《先秦古器图》《考古图》《博古图》《围炉博古图》《鉴古图》等等。宋代有姓名可考的金石学家超过六十位，其中包括欧阳修、苏轼、黄庭坚、米芾等等。

宋 刘松年《博古图》 台北故宫博物院藏

在文化史上，有两次雅集为后世文人所津津乐道。一次是东晋永和九年（353）的兰亭集会，因王羲之《兰亭集序》而名扬千古。另一次便是北宋的"西园雅集"，因李公麟的画和米芾的题记而流传千古。

台北故宫博物院收藏的宋人《西园雅集》，传为李公麟所作。宋神宗元丰初，在北宋京都汴梁有一座宅第叫"西园"。西园是驸马都尉王诜的宅第花园。王诜曾邀请苏轼、苏辙、黄庭坚、米芾、秦观、李公麟以及日本圆通大师等十六位当时的文人名士在此游园聚会。聚会结束后，王诜请善画人物的李公麟将此次聚会的情景画

宋 李公麟（传）《西园雅集》（局部） 台北故宫博物院藏

了下来。这便是《西园雅集》。

在画中，十六位人物被分成了几组。只见苏轼正欲挥毫，蔡肇、王诜、李之仪等人围在桌边观看。李之仪是谁呢？就是写下过脍炙人口的"我住长江头，君住长江尾。日日思君不见君，共饮长江水"那位。李公麟正在作画，黄庭坚手持芭蕉扇坐在他对面，全神贯注地看着，旁边几人也都看得兴致勃勃。陈碧虚道长正在弹阮，秦观在一旁倾听。米芾正在石壁上题字，一旁有侍童昂头举砚，王钦臣在后面认真观看。圆通大师坐在蒲团上讲经，刘泾在旁边聆听。苏轼的弟弟苏辙在树荫下读书，旁边还有准备沏茶的书童。

注意到了吗？就在第一组人物之后，有一张较大的案几，案几上摆满了各式古玩，一书童手持一觚似乎正要拿去给客人们玩赏。这真是对当时复古风的写实啊！

### 3. 复古风如何影响到插花？

这股席卷朝野的复古风，极大地影响到了插花。

士大夫们发现，以商周鼎彝器来插花，颇能发思古之幽情。以"古"来规范"今"，是规矩的正溯，是学问的源头。南宋赵师秀的《叶侍郎送红芍药》道："自洗铜瓶插欹侧，暂令书卷识奢华。"晁公溯《咏铜瓶中梅》道："折得寒香日暮归，铜瓶添水养横枝。书窗一夜月初满，却似小溪清浅时。"陶梦桂《书事》道："莫道幽人无受用，铜瓶遍插木犀花。"

进而，又发现了其实用性：青铜器用来插花，鲜花可吸收铜离子而改善营养状况，生机得以持久。用赵希鹄在《洞天清录》中的说法是："古铜器入土年久，受土气深，以之养花，花色鲜明如枝头，开速而谢迟，或谢则就瓶结实。"对此，现代植物学家周肇基也在《中国植物生理学史》中提供了科学论证："植物生理学的研究证明，铜是植物正常生长发育所必需的重要微量元素之一。它是植物体内参与氧化还原过程的多酚氧化酶的辅基。同时它又是影响抗寒性强弱的关键元素。……郁而成青的古铜器表面，由于水和二氧化碳的长期侵蚀生成了厚厚的一层铜绿……可用为杀虫、杀菌和防腐。正由于古铜器具有这些特点，用于插花，瓶水不易变坏，且插花可吸收铜离子做为营养。"

在南宋皇宫，商周鼎彝器为数应不少。《武林旧事》卷九记载了绍兴二十一年（1151）十月，宋高宗巡幸清河郡王张俊家的事。各种高规格招待后，张府又进献了古器，分别是龙文鼎一、商彝二、高足商彝一、商父彝一、周盘一、周敦二、周举罍一、有盖兽耳周罍一。

但毕竟，比起北宋，南宋真正的商周鼎彝器数量大幅度下降了。李清照、赵明诚夫妇撰有《金石录》三十卷，收录了近两千件古代金石器物、碑刻、书画；靖康之难时南逃，出发时挑选了十五车，一路散失，到达绍兴时，只剩十之一二了。说李清照的《金石录后序》字字血泪，并不为过。

所以，南宋皇宫中出现白玉刻花仿商尊的花瓶，就可以理解了。

但仿商周鼎彝器最多的并不是白玉，而是青瓷。

### 4. 青瓷怎么会脱颖而出？

宋室南渡后，由于金兵的劫掠，主要礼仪器已所存无几。白手起家，只得因地制宜，宫室用器中青瓷逐渐占据主要位置。上林湖越窑、龙泉青瓷脱颖而出。

青瓷的"青"，色泽柔和、明澈透亮，给人以空灵、虚静、恬淡、安逸的心理感受，与宋人向内求的心境相吻合。历代文人对青瓷之色的描述，如晋曰"缥瓷"，唐曰"千峰翠色"，后周曰"雨过天青"，吴越曰"秘色"，也颇合宋代士大夫的口味。

而青瓷的釉色，从早期的草木灰釉，到后来的石灰釉，再到南宋时期的石灰碱釉，挂釉越来越厚，不断接近青玉的质感。由于南宋初期宫廷用瓷大规模增长，为解官方用瓷之需，青瓷开始烧制仿汝窑天青釉色的乳浊釉产品。后南宋朝廷在杭州玉皇山以南乌龟山西麓设置了专为宫廷烧制瓷器的御窑场，即南宋官窑，其青瓷既继承北宋汝窑的原有工艺和造型风格，又吸收南方地区的传统青瓷技艺，一时，青瓷窑呈现出南北融合、官窑民窑互动的局面。

南宋官窑，在创建之初即具有担负国家祭祀和庆典的功能。古代王室在进行祭祀、丧葬、朝聘、征伐和婚冠等活动时，礼仪所使用的器皿叫礼器，一般指青铜器中的鼎、壶、尊、觚、簋、豆和钟等。

青瓷仿青铜礼器始于北宋，南宋最为兴盛。南宋官窑作品的器型以仿制三代青铜器为主，主要有贯耳瓶、琮式瓶、尊式瓶、花觚、瓜棱瓶等等。

因掌握了素烧与多次上釉的技术，其烧制的仿古青瓷形神兼备。而官窑作品又刺激着民窑的创新，仿三代青铜器的青瓷大为流行。

### 5. 仿古青瓷的主要种类

因北宋有用青铜器插花的复古风，南宋用仿古青瓷插花成了时尚。因而在出土的南宋青瓷中，仿古花瓶屡见不鲜。让我们来看看主要的几种。

（1）贯耳瓶

贯耳瓶圈足，腹部扁圆，直颈较长，颈部两侧有一对贯穿的耳。

贯耳式样，早在新石器时代的良渚文化陶罐中就有了。当时两个耳朵是用来系绳子的。到了青铜时代，贯耳瓶演变为投壶。

何谓投壶呢？古代六艺，指"礼、乐、射、御、书、数"，是贵族男子必须掌握的技能。其中"射"就是射箭。那时诸侯举办宴会时，经常会邀请客人展示射艺。后来，一来受到场地的限制，二来射箭也有危险性，射艺展示就渐渐演变成投壶比赛。即在一定距

宋 佚名《婴戏图》及其中的贯耳瓶　台北故宫博物院藏

**南宋四雅**

书画器物中的南宋生活美学

西周 "颂"青铜壶　中国国家博物馆藏　　宋 官窑青瓷贯耳瓶　浙江省博物馆藏

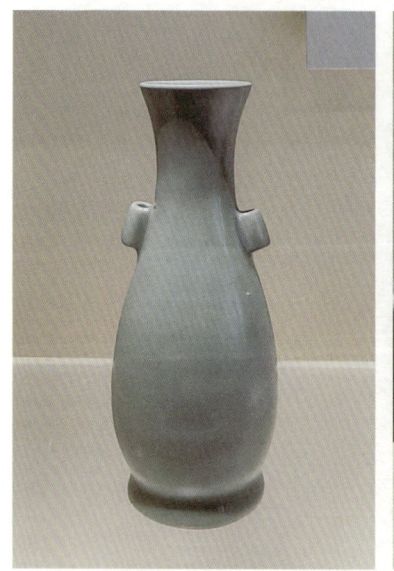

宋 龙泉窑青釉贯耳瓶　杭州市文物考古研究所藏
宋 景德镇影青贯耳壶　桐乡市博物馆藏

离外,将箭状的长条投入壶中,投中者赢。

这个投壶,就是腹部扁圆、直颈较长的贯耳壶。

宋代,贯耳壶逐渐变为贯耳瓶,成为插花花器。这个器型后世不断仿制,烧制几乎没有断绝,且多被皇族垄断。因为儒家认为一个朝代的兴亡盛衰与君主能否开言纳谏息息相关,贯耳瓶有两个耳朵,隐喻君主的"听",所以广受皇家推崇。

在德寿宫遗址博物馆中,展览柜里有多只南宋官窑烧制的贯耳瓶。也有同时期的仿三代的青铜投壶出土。以追求周的礼制为目标的宋代,特别是建立南宋王朝的宋高宗,对既雅致又有内涵的贯耳壶,肯定喜爱有加。

(2)花觚

青铜觚圈足,敞口,长身,口部和底部都呈现为喇叭状。它是商周时期的酒器和水器,一般与尊配套使用。觚在商后期逐渐发展为一种重要的酒礼器。

周以后,该器型消失不见。一直到北宋的复古风兴起,青铜觚

商 父丁鱼觚 台北故宫博物院藏　　商 青铜觚 中国国家博物馆藏

宋 佚名《瑶台步月图》 故宫博物院藏

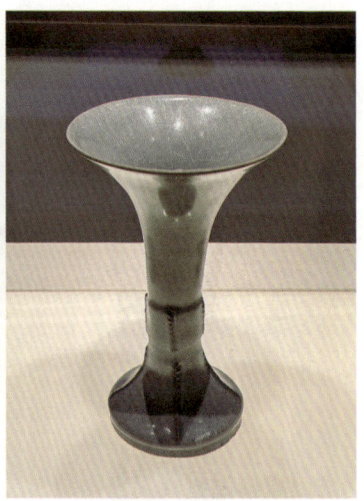

宋 官窑粉青釉出戟觚 杭州市文物考古研究所藏
宋 龙泉窑青釉觚 杭州市文物考古研究所藏

才作为古董再次出现在人们的视野中。觚的造型纤美大方,气质高雅,深得宋代士大夫的喜爱。但三代青铜器毕竟数量稀少,为了适应更多士大夫的需求,宋代开始出现仿青铜觚造型的瓷器。又因为瓷觚常常用来插花,便被叫作"花觚"。

宋代花觚的样子可参考南宋《瑶台步月图》。

花觚以其独特的气质,深受历代文人喜爱,一直流行到现在。从明代晚期开始,花觚有了个昵称叫"美人觚"。明代张岱《陶庵梦忆》中载:"河南为铜薮,所得铜器盈数车,美人觚一种,大小十五六枚……"

(3) 青瓷尊

尊,今作樽,是商周时代中国的一种大中型盛酒器。尊与觚的区别在于:觚是细细长长小蛮腰,而尊的中间是大肚子。尊盛行于商代至西周时期,春秋后期已经少见。

宋代复古风后,出现了各种材质的尊。前面我们说到宋高宗对最为尊贵花瓶的选择是"白玉刻花商尊"。为何要选择这个器型

商 亚禽父乙尊 台北故宫博物院藏

宋 佚名《婴戏图》中的尊 台北故宫博物院藏

宋 佚名《戏猫图》中的尊 台北故宫博物院藏
宋 官窑青瓷出戟尊 台北故宫博物院藏

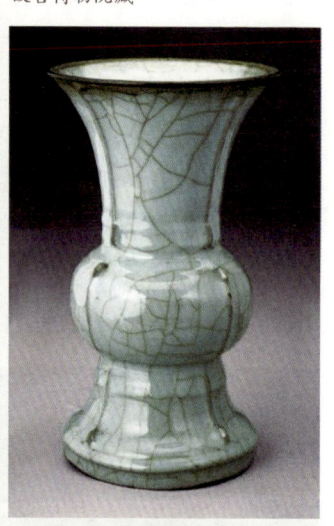

宋 龙泉青瓷尊 丽水市博物馆藏

呢？因为尊的腹部大，盛水多，可以养的花更多，花期也可延长，且尊有种雍容华贵的气度。

南宋时青瓷尊盛行，有三足尊、出戟尊等等。

（4）琮式瓶

琮，浙江人并不陌生。良渚文化的典型器物就是玉琮。玉琮内圆外方，方柱形，中空，多节，是上古时期祭祀用的礼玉，因其贯通天地的神秘性而为后世所推崇。

宋代的复古，自然要推琮式瓶。琮式瓶不仅具有花器的一般功用，更有着祈福辟祟、宜室宜家的寓意。

画有琮式瓶的宋画一时没找到，但很有意思，在宋代杜良臣的一幅书法的砑花笺底纹上，发现了一个琮式瓶的影子。

宋代琮式瓶的实物，在各大博物馆都可见到。

新石器时代 良渚玉琮
浙江省博物馆藏

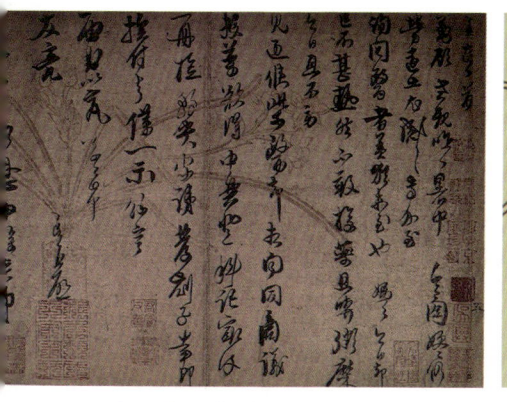

宋 杜良臣《致中一哥新恩中除贤弟尺牍》及其所用砑花笺上的底纹 台北故宫博物院藏

宋　龙泉窑琮式瓶　台北故宫博物院藏　　　　宋　龙泉窑琮式瓶　波士顿美术馆藏

### （5）瓜棱瓶

瓜棱瓶，因瓶身腹部有类似瓜棱的凸凹弧线而得名。其特点是整个器型呈长圆形，直颈鼓腹，圈足作花瓣式外撇，整体造型看上去秀丽灵动。

瓜棱的外形取的是"金瓜"，也就是小南瓜。金瓜的生长特性是，藤蔓缠绕不断，绵绵不息，正好与中国人传统思想中的生生不息相吻合。而瓜熟蒂落，是一种社会平和的安稳气象。所以瓜棱式的罐、杯、壶、瓶等自古就有，且广受欢迎。

瓜棱瓶在宋辽时期非常流行。宋辽工匠的制作水平较高，简练流畅的连弧曲线起伏涌动，饱满而艺术张力十足，具有大俗大雅的特殊美感。

这些官窑出品的仿三代青铜器青瓷瓶，一直被南宋皇宫使用。它们盛着一束束鲜花摆放在宫里的样子，必定很是古典雅致。

晚唐五代 八棱净瓶 浙江省文物考古研究所藏
宋 龙泉窑青釉瓜棱壁瓶 湖州市文物保护管理所藏

## 6."一枝瓶"魅力何在？

宋高宗退位后，在南宋皇宫之北修建了德寿宫，于是，南宋皇宫被称为"南大内"，德寿宫被称为"北大内"。

你注意到了吗？在德寿宫出土过一只青瓷小花瓶，柔和静谧，温其如玉。

如果你将这只花瓶与其他的一对比，发现什么变了？对，细小了，简洁了，空灵了，隽永了。

这跟宋画风格的改变是同步的。

从北宋到南宋，北方的磅礴厚重，一下子变成了南方的温柔湿润。"云里烟村雨里滩，看之容易作之难。"画风的改

宋 龙泉窑青釉胆瓶
德寿宫遗址博物馆藏

宋 马远《倚云仙杏》 台北故宫博物院藏
宋 马远《白蔷薇》 故宫博物院藏

变,首先是布局,宫廷画家们放弃了北宋全景式山水,开始对烟雾中的自然景物进行大胆剪裁。

元人庄肃在《画继补遗》中说,宋高宗"于万几之暇,时作小笔山水,专写烟岚昏雨难状之景,非群庶所可企及也"。你看,宋高宗的审美是小笔山水。由此,南宋形成了"马一角,夏半边"式的近景构图,数笔寥寥,没有太多细节,却使人能够一目了然,是一种诗意、清空的禅宗式的顿悟。

来看马远的《倚云仙杏》,此画绘一枝雨后杏花的轻灵润秀、堆粉砌霜之姿。其设色淡雅,气韵生动,令人想到陆游的"小楼一夜听春雨,深巷明朝卖杏花"。它本身就像一枝插花。

此画得到宋宁宗杨皇后的题字:"迎风呈巧媚,浥露逞红妍。"说明这也符合南宋皇宫的审美。试想,这样一枝杏花,该配个什么样的花瓶?一定是小小的,款式简单的。

而宋代,随着家具式样的变化,书案成为士大夫必备陈设,这也极大地促进了小瓶插花的流行。

唐五代及之前,多盘腿坐或踞坐,因此家具也低矮。宋以来,垂足坐逐渐成为主流,椅子、桌子、台案等开始出现。宋人开始用隔断辟出来一个相对独立的空间,书房出现了。宋人每以"小室""小阁""丈室""容膝斋"等来称呼这个象征自己独立理想世界的书房。

宋人的书房虽小,但一定有书案。室内格局转变为以桌椅为中心。书案上有毛笔、笔搁、墨砚、砚滴、镇纸、香炉……与这些精美文玩相搭配的,必定是个小小的花瓶。

花瓶为何不可缺少呢?文人士大夫的处世哲学,一直在独善其身与兼济天下之间做出平衡。若能仕进,要以小书房来调剂大世界的喧杂。若不能仕进,便退到自己的书房里,让文房清供的风雅情趣来抚慰自身,搭建一个身心两安的所在。

宋 李公麟《苦吟图》 台北故宫博物院藏

　　书房之内，依季节引花一枝，独立于瓶中，寄寓了文人的林泉之心。高山阔水，毕竟搬不来身边，草木花卉生长于大自然中，受制于天气和环境，赏玩亦不能如意。而将四时之花供于案上，使之成为可移动的"案上园林"，便能见微知著，感知万象，寄寓心绪。这花事，顿时连接了书房与天下。花瓶自然成为文人书房不可或缺的装点。

　　德寿宫出土的龙泉窑青釉胆瓶，高仅十几厘米，正是最宜于书桌陈设的尺寸。小小花瓶，一般仅选单枝单朵、单枝数朵的花来插，花卉的品种也是单一的，所以宋人就叫其"一枝瓶"。

　　一枝瓶的插花，多为乘兴顺手掂花。张明中《瓶里桃花》道："折得蒸红簪小瓶，掇来几案自生春。"舒岳祥《初七日》道："今日萧萧风物好，官窑瓶里插红蕉。"坐在书桌前，一瓶在眼前，既是清

宋 景德镇窑青白釉胆瓶　湖州市文物保护管理所藏
宋 官窑胆式瓶　台北故宫博物院藏

供，又是活的画，还是季节的消息，可谓风雅无边。

2013年秋，南宋官窑博物馆举行"蜀地遗珍——四川遂宁金鱼村南宋窖藏瓷器精品展"。展览上，有一百零六件金鱼村南宋窖藏的出土文物。那场展览我印象极深，有几件青瓷百看不厌，不忍离开。其中就包括小小的胆瓶、瓜棱瓶、贯耳瓶、弦纹瓶等。当时奇怪它们为何这么小，现在终于知道了它们的用途。

### 7."大内筒"是南宋皇宫遗珍吗？

一枝瓶中还有个特殊门类，叫"竹筒"，南宋皇宫中叫它"湘筒"。

截竹为筒，筒插鲜花，颇有山野之趣。宋人邓深《竹筒养梅置窗间》道："截筒存老节，折树冻疏枝。静牖初安处，清泉满注时。

暗香披拂外，细细觉风吹。"但竹筒制作的花瓶容易损坏，青瓷匠人们便烧制出一种竹筒形的青瓷花瓶。颜色相近，神韵一致。

日本根津美术馆有一件南宋的龙泉窑青瓷筒形瓶，它的样子很符合现代人的审美，线条感强，简约明快。很多人第一眼看到时会认为它是个筷子筒。我关注到这件器物是因为其名字，日本人称它"大内筒"。大内，不就是南宋皇宫嘛，皇宫叫"南大内"，德寿宫叫"北大内"，所以我一直以为它是南宋皇宫流传出去的器物。

后来有一次看介绍，说它被称作"大内筒"，是因为日本"大内氏"家族曾经收藏过。大内氏是日本一个武家氏族，自称祖先为百济国圣明王的琳圣太子。将家族名字作为器物传承时的名称，这在收藏史上也是少有的，器物地位的重要性和家族地位的重要性，就这么互相成就着，以至于现在很多人见了竹筒式青瓷花瓶，都称其为"大内筒"。

在美国波士顿美术馆，有一幅南宋苏汉臣的《妆靓仕女图》。画中一女子坐几案前对镜理妆，娴静中带着些许忧伤。妆具之侧，是一瓶兰花，花瓶正是竹筒式青瓷。因怕不稳，还加了个花架护着。

宋 龙泉窑青瓷筒形瓶 根津美术馆藏

宋 苏汉臣《妆靓仕女图》 波士顿美术馆藏

## 8."梅瓶"是用来插梅花的吗?

前面我们说了宋高宗在皇家御苑聚景园欣赏牡丹的情景,现在再来看他对梅花的品味。《武林旧事》卷七记道:淳熙五年(1178)二月初一日,上过德寿宫起居,太上留坐冷泉堂进泛索讫,至石桥亭子上看古梅。太上曰:"苔梅有二种,一种宜兴张公洞者,苔藓甚厚,花极香;一种出越上,苔如绿丝,长尺余。今岁二种同时著花,不可不少留一观。"说的是德寿宫里有两种古梅。一种出自宜兴的张公洞,梅树上苔藓很厚,花非常香。另一种出自越地,梅树上的苔藓如绿丝,长有一尺多。太上皇(宋高宗)对宋孝宗说,今年两种梅同时开花了,少不得留下来好好欣赏。

唐人尚牡丹,宋人偏梅花,南宋人更是对梅花有着情结。也许是强敌压境,也许是国仇家恨,梅花那冰里含苞、雪中吐蕊、不趋时附势的美感赢得了南宋文人强烈的钦佩感。南宋掀起了一股蔚为壮观的植梅、赏梅、画梅、写梅、咏梅风尚。

德寿宫的古梅到底什么模样,不得而知。但如今我们仍可以

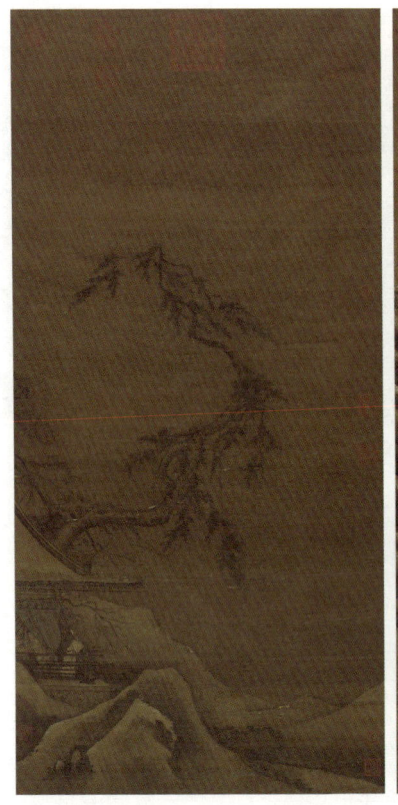

宋 佚名《观梅图》 台北故宫博物院藏
宋 马麟《花鸟轴》 台北故宫博物院藏

从宋画中一探梅花的幽姿。南宋院画以梅为主题的很多。如马远的《月下观梅图》《林和靖月下赏梅图》《雪履观梅图》《梅石溪凫图》等。马远之子马麟也有《层叠冰绡图》《梅花双雀图》等。此外，又有李唐《梅竹幽禽图》、阎次于《梅林归牧图》、刘松年《竹里梅花图》、楼观《映月梅花图》等等。

梅花被赋予人格化的精神内涵，自然成为文人案几插花诵咏的首选。陆游在《岁暮书怀》中写道："床头酒瓮寒难熟，瓶里梅花夜更香。"因为天气寒冷,床头酒瓮里的酒不容易发酵成熟,但瓶里插的梅花却更香了。范成大有一首《再题瓶中梅花》:"风袂挽香虽淡薄,月窗横影已精神。"风里花香虽然淡薄,但月光下,瓶中一枝梅花看上去很是精神。

问题来了:插梅花的瓶是梅瓶吗?如果你去网上搜"梅瓶",结果大多为:梅瓶是一种小口、短颈、丰肩、瘦底、圈足的瓶式,以口小只能插梅枝而得名。

答案似乎是肯定的。宋诗里,时见"梅瓶",如方逢振《风潭精舍偶成》"石几梅瓶添水活,地炉茶鼎煮泉新",韩淲《上饶新刊巩宋齐六言寄赵晏叟者次韵上饶》"诗案自应留笔砚,书窗谁不对梅瓶"。

但是错了。梅瓶在宋代叫"经瓶"。所谓"经天纬地",地球南北为经,东西为纬。经表示瓶体修长。

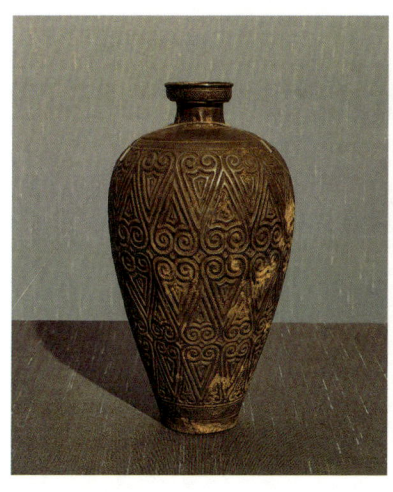

宋 如意纹银经瓶 东阳市博物馆藏　　宋 龙泉窑青瓷梅瓶 浙江省博物馆藏

在宋代，梅瓶是用来装酒的。广东省博物馆收藏有一件北宋褐彩人物纹经瓶，通体用褐彩勾绘，中部四开光，内分别绘戴巾着袍袒胸的饮酒者欲饮、稍醉、大醉、昏睡四种形象。上海博物馆藏有两件宋代梅瓶，一件腹部开光书写"清沽美酒"，另一件腹部书写"醉乡酒海"。辽宁省博物馆收藏有明代唐寅绘制的《饮中八仙图》，被认为临摹自北宋赵公麟的作品。画面描绘了李白、贺知章、张旭等八人坐于松林间畅饮，一名侍童正把梅瓶中的酒倒在酒缸里。

梅瓶作为酒具，一直延续到明代。但从清代开始，人们以其口小只能插梅枝而雅称之为"梅瓶"，且真正用于插梅花。

明 唐寅《饮中八仙图》（局部） 辽宁省博物馆藏

《红楼梦》第五十回，大雪天，大观园群芳们在芦雪庵即景联诗，宝玉落第，李纨便罚他去栊翠庵妙玉处讨一枝红梅。宝玉出门，这边李纨就"命丫鬟将一个美女耸肩瓶拿来，贮了水准备插梅"。这里的美女耸肩瓶就是梅瓶。

但凡事均有例外。南宋文人，偶然间将酒瓶子拿来插个花，也不奇怪。在南宋佚名《戏猫图》中，髹黑漆的高桌上，一对青瓷梅瓶插了红珊瑚枝。青配红，相当雅致。苏辙的《戏题菊花》道："春初种菊助盘蔬，秋晚开花插酒壶。"

宋 佚名《戏猫图》 台北故宫博物院藏

### 9. 南宋人插梅到底用的是什么瓶？

那么，南宋时期最受文人钟爱的插梅花的瓶到底是什么瓶？

日本京都的南禅寺，藏有一幅南宋马公显绘的《药山李翱问答图》，描绘的是"云在青天水在瓶"这一禅宗对话故事。唐代朗州刺史李翱，初见禅僧药山惟俨时非常失望，说："见面不如闻名。"药山回答："居士如何贵耳贱目？"通过激烈的交锋，李翱终于开

宋 马公显《药山李翱问答图》 京都南禅寺藏

悟，并欣然写下诗句："练得身形似鹤形，千株松下两函经。我来问道无余说，云在青天水在瓶。"画面上，身着官服的李翱站于石桌前，坐于竹椅上的药山以手示上下，神态机智诙谐。

云在青天水在瓶，这瓶，当然成了此画的要点之一。只见石桌上放着一瓶梅，老梅疏影，枯枝倒挂，而瓶，是一只小小胆瓶。

胆瓶，形状如悬胆。瓶小口、长颈、溜肩垂腹，俗称胆式瓶。胆瓶身材修长，腹部宽大，底盘稳重，具有"束颈修枝，鼓腹容水"的优点，贮水性能好，是非常好的花器。

"胆瓶"这一器型在魏晋南北朝时期就已经有了，但兴盛起来要到北宋，真正从形式上稳定下来要到南宋。南宋时，钧窑、哥窑、耀州窑均有烧造。

胆瓶插梅，在南宋很是流行，这是士大夫们反复歌咏的主题。杨万里《昌英知县叔作岁，赋瓶里梅花，时坐上九人七首》其二："胆样银瓶玉样梅，北枝折得未全开。为怜落莫空山里，唤入诗人几案来。"俞德邻《梅花三首》其二："胆瓶谁汲寒溪水，带月和烟篸一枝。"刘子翚《任伯显昨寄日柿不至续以胆瓶为贶》："圆壶俄落雄儿胆。"张道洽《瓶梅》："春在胆瓶间，朝看复暮看。小屏遮护着，不怕玉肌寒。"黄庚《和李蓝溪梅花韵》："一枝寒玉倚横塘，和雪攀来袖亦香。插向胆瓶笼纸帐，长教梦绕月昏黄。"

士大夫们反复歌咏，画家们也是"画笔抒我心"。宋画中的胆瓶插梅屡见不鲜。我觉得其中最有趣的是马麟画的《林和靖图》。

林和靖"梅妻鹤子"谁不知道啊，马麟画的林和靖远眺立鹤，他身后的童子手捧一只胆瓶，瓶中插着一枝花。无论如何，这枝花应该是梅花。但细看之下，这枝花绿叶肥大而花朵细小，倒是像极了桂花。难道马麟在跟我们开玩笑？同时期倒真有诗词说到胆瓶插桂花的。虞俦《廨舍堂前仅有木犀一株，今亦开矣，为赋二绝句》："维摩丈室无人到，散尽天花结习空。犹有一枝秋色在，明窗净几胆

宋 马麟《林和靖图》 东京国立博物馆藏

瓶中。"题中的木犀即桂花。

**10. 胆瓶有多少近亲？**

胆瓶还有几个近亲，在胆式瓶的基础上，把脖子进一步拉长就得到了鹅颈瓶、长颈瓶。还有，后来胆瓶又被叫作玉壶春了。

宋代的花瓶式样很有趣，就像变戏法似的，某个部分的线条走向软一点或硬一点，就变了个式样。比如胆瓶，肚子跟脖子间的线条一硬，就成了纸槌瓶。

在侈口纸槌瓶的直颈的双侧加上一对动物，就成了双凤耳瓶、双鱼耳瓶等。这种造型在宋朝才开始有，一直到明初都陆续地烧造着，但唯以宋朝的在造型与釉色上最为精美。

如今，日本有三件国宝级的龙泉青瓷，其中之一"万声"，即为一件南宋龙泉窑的凤耳瓶。其名"万声"，是出自江户时期（约

宋 高丽翡釉瓷净瓶　余姚市文物保护管理所藏
宋 官窑粉青釉鹅颈瓶　杭州市文物考古研究所藏

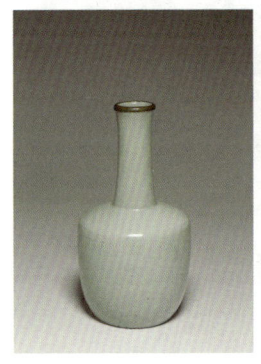

宋 汝窑青瓷奉华纸槌瓶　台北故宫博物院藏
宋 龙泉窑青瓷纸槌瓶　台北故宫博物院藏
宋 龙泉窑粉青釉纸槌瓶　杭州市文物考古研究所藏

宋 龙泉窑青瓷凤耳瓶 台北故宫博物院藏
宋 龙泉窑青釉鱼耳瓶 松阳县博物馆藏
宋 龙泉窑瓷环耳瓶 浙江省博物馆藏

宋 日本国宝"万声"青瓷凤耳瓶 和泉市久保惣纪念美术馆藏
宋 龙泉窑青釉葫芦瓶 杭州市文物考古研究所藏

为顺治时）的一句诗"捣月千声又万声"，其意便是一经拿出就会获得万人称赞的意思。

胆瓶变戏法有趣吧？再来变一个：胆瓶下面加一个肚子，就成了葫芦瓶。

以上我们总结了南宋花瓶的种种。

南宋插花成风，有没有人痴迷花瓶的？有！你怎么知道？不急，来看一幅宋画。

台北故宫博物院藏有一幅南宋李嵩的《听阮图》。该图描绘的是春末夏初的一个情景：庭院里绿树成荫、花儿绽放，一文士手持拂尘，倚坐在榻上纳凉。对面女乐拨阮，似乎正在吟唱。身旁另有一美人拈花，两名丫鬟焚香、挥扇。注意，文士的榻上和案头罗列了多件可供玩赏的器物，其中花瓶达七件之多，妥妥的"花瓶控"啊。

宋 李嵩《听阮图》 台北故宫博物院藏

## （四）盘花种种

以上种种，我们说的都是南宋插花中的瓶花，但有没有忘记前面曾说，南宋的插花有瓶花和盘花两大类。

盘花，也叫盆花。由于器皿造型为大敞口，腹部浅，贮水也浅，不宜直接插花，一般用于短花枝直接浸润或浮于浅水。

经典的盘花插花，可见宋画《维摩图》。维摩诘身后的天女，左手持一盘花，右手拈一枝花，微笑而立。

但盘花并不经常出现在日常生活中，一般是在重大节日、庆贺等场面出场。

宋 佚名《维摩图》 台北故宫博物院藏

## 1. 大名鼎鼎的"一年景"到底是什么？

说盘花之前，先来看幅画——宋仁宗的曹皇后的画像。有趣的是她身旁的两个侍女，她们穿小簇花锦袍，白玉装腰带，头戴花冠。而这花冠与我们一般认为的不一样，从正面看形似"凹"字，冠饰上面插满了各色各样的花朵。而且左右两个侍女的花冠并不完全一致。

这种花冠有个好听的名字，叫"一年景"，即花冠上装饰有一年四季的花朵，有桃花、牡丹、菊花、山茶等。这里的花，不仅仅指鲜花、真花，也泛指用金银、珠宝、丝帛或者彩纸等各种材料制成的假花。

前面我们说过，宋代男女簪花成风。而女性崇尚观音菩萨之美，冠饰越做越豪华，遂发展出"一年景"，寓意"一年好景头上戴"。"一年景"不仅宫里戴，民间也流行。吴自牧在《梦粱录》里记述临安婚仪时，提到男方的聘礼中就有"四时冠花"。陆游在《老学庵笔记》中记道："靖康初，京师织帛及妇人首饰、衣服皆备

宋 宋仁宗曹皇后画像 台北故宫博物院藏

四时。如节物，则春幡、灯球、竞渡、艾虎、云月之类。花则桃杏、荷花、菊花、梅花，皆并为一景，谓之'一年景'。"

**2. 被神圣化的水仙盆**

从插花的角度来看，"一年景"像不像一盘花？事实上，宋代的确有这样的盘花。

很多人对宋代汝窑的概念，来自一个水仙花盆。2018年我们去台北故宫博物院，一路在惦记这个水仙花盆：有没有展出？有没有缘分看到？当真的看到展柜里静静摆着的水仙花盆时，心突然安静下来，甚至脚步也变轻了，生怕惊扰到它。

好的作品就有这样强的定力。

水仙花盆是北宋徽宗年间的御用器皿，由汝官窑烧制。器身呈椭圆形，侈口、深壁、平底，下接云头形四足。盆壁四周较薄，底足略厚，通体釉色匀润，棱角转折之处微呈浅粉色泽。总体看上去，釉面纯净，温润素雅，完美无瑕。

除了器型简约美观外，其最大特色是釉色。釉色为天青色，清朗宁静，无开片纹。这正是后周世宗柴荣为柴窑定义的理想色泽："雨过天青云破处，这般颜色做将来。"据说乾隆皇帝鉴赏清宫旧藏

宋 汝窑青瓷水仙盆
台北故宫博物院藏

瓷器之际，对此件作品摩挲把玩、爱不释手，降旨加刻御制诗并重新设计陈设木座。

如今我们面对被神圣化了的这件器物，往往忘记了它的用途，它是个用来种水仙花的花盆啊！

### 3."隆盛篮"讲究知多少？

在德寿宫遗址博物馆，南宋出土文物的展览柜上方，有李嵩三幅《花篮图》的图片。

据介绍，李嵩款《花篮图》原来有一年四季四幅，但流传下来的只有三幅，分别是春、夏、冬三季，三只花篮。三幅画构图相近，都在画面正中绘一插满时令鲜花的花篮。

李嵩《花篮图》宣传画　德寿宫遗址博物馆制作

这只花篮，也有讲究，名叫"隆盛篮"，意思是收集时令花卉，用隆重方式来传达四时更替、庆祝节日，"隆盛"寓意"兴隆昌盛"。"隆盛篮"是古代宫廷篮的一种，相比一般民间用的篮子，其工艺要复杂很多。

记得2020年国庆过后，我们去天安门广场，一只巨大的"隆盛篮"盛满鲜花，将节日气氛烘托得热闹非凡，格外引人注目。一群群的人排队与它合影，我们也在其中凑热闹。

初看三幅《花篮图》，只觉花团锦簇，煞是好看。但问题来了，瓶花毕竟瓶口小，可插之花少，容易摆弄，但花篮要放一大篮花，怎样摆放才能出来《花篮图》中的效果？

这里面有很多的门道，花的选择与摆放都不是随意的。首先，要按花朵品第的高低来选择花；其次，以一到两种品第高的花为主，再搭配稍低品第的花朵；最后，主花要选择色彩亮丽的，摆放于画面的视觉中心位置，客花则需颜色淡雅，在主花之旁陪衬，不能喧宾夺主。

《花篮图》之春花，南宋灭亡后先后落入元、明统治者手中，后来被明代收藏家沐璘、项元汴收藏，后流入日本，2015年香港秋拍由上海龙美术馆竞得，现藏于上海龙美术馆。

《花篮图》之春花共有五种，分别是金钟花、垂丝海棠、白碧桃、重瓣黄刺玫、林檎。花花叶叶相互交映，鹅黄、黛粉、嫩绿，色彩搭配极为雅致，展示着春日洋洋，生机盎然。

宋人张翊《花经》以"九品九命"品评群芳，其中被评为"一品九命"的只有五种花，分别是兰花、牡丹、蜡梅、荼蘼和紫风流。春之花篮中，并没有"一品九命"之花。因白碧桃被列入三品七命，所以成了主花。

春天的花篮中为何没有开得纷纷扬扬的李花、杏花呢？李花被品为"俗客"，杏花被品为"艳客"，被认为难登大雅之堂，因此皆

宋 李嵩《花篮图》之春花　上海龙美术馆藏

未出现于当季的花篮中。

《花篮图》之夏花，现藏于故宫博物院。

花篮中也有五种花，造型呈规整的半球状，从左至右分别为复瓣栀子花、萱草、蜀葵、夜合花、石榴花。

主花为大朵的蜀葵。蜀葵因花有五色，象征五行。蜀葵上方安置了淡雅的夜合花，两边伸展的是白色栀子与浅色萱草，而红色石榴花与深色萱草成对角线分布在主花两侧，形成一种独特的美感。整个画面时令特点明显，表达了繁荣鼎盛、圆满富足的生命活力和

**南宋四雅**
书画器物中的南宋生活美学

宋 李嵩《花篮图》之夏花　故宫博物院藏

宋 李嵩《花篮图》之冬花　台北故宫博物院藏

精神特质。

《花篮图》之冬花，现藏于台北故宫博物院。

冬季花材不似春、夏繁多，花篮同样也选择了五种花朵，从左至右分别为水仙、绿萼梅、单瓣茶花、蜡梅、瑞香花。

主花为大红山茶花。宋人似乎很爱山茶花，将它与耐寒的梅花、迎春花和水仙花一起，称作"雪中四友"。的确，小寒二候，山茶花就灼灼盛开，开得如火如荼，冬日里的花卉很少见如此颜色，偏偏又艳而不俗，风韵别致，而且非常耐久，一直要开到清明之后。南宋诗人王十朋称其"一枕春眠到日斜，梦回喜对小山茶。道人赠我岁寒种，不是寻常儿女花"。陆游《山茶》道："雪里开花到春晚，世间耐久孰如君？"

大红山茶的两边，一边配以淡黄色的蜡梅，一边配以白色的水仙。蜡梅与绿萼梅形成对角线，水仙与瑞香形成对角线。蜡梅、绿萼梅、瑞香、水仙为"四香"。整幅画白、青、黄色调沉稳，正中鲜红的茶花是亮点，使冬季花篮多了一丝暖意。

**4. 德寿宫插花的秘密武器**

有南宋皇宫出土的盘花之盘吗？有的。在德寿宫遗址，就出土有官窑粉青釉方盆。

可以看出，这类花盆能贮存的花不会太多，而盆花是以花朵繁多取胜，否则就用瓶花了。怎么解决这个问题呢？不用急，宋人自有办法。

2023年2月5日，是元宵佳节。我与葱花第一次进德寿宫遗址博物馆。我们是去参加周华诚《德寿宫八百年》新书分享会的。进德寿宫，先要读一读这本书，因为它是周华诚多次深入德寿宫考古和保护现场，经过长时间的采访、思考后，创作的一本"德寿宫的说明书"。

宋 官窑粉青釉方盆　杭州市文物考古研究所藏
宋 天目窑青白釉奁式花盆　湖州市文物保护管理所藏

　　穿过一排排宫灯，在德寿宫聚远楼门口停下。进门前，要抽签，这是新书分享会中间穿插的娱乐节目。签子是德寿宫出土文物的图片，一张是一件复杂的青瓷器物，一张是陶酒坛封泥，封泥上有字。

　　我抽到的是青瓷器物。当分享会间隙抽奖时，要回答这件青瓷器物的用途。我和葱花面面相觑，实在看不出它能用来干什么。

　　一位女士站起来回答了，说："这叫龙泉窑青釉六方七管占景

宋 龙泉窑青釉六方七管占景盆
德寿宫遗址博物馆藏

盆，用来插花的。"啊？我和葱花对视一眼，确认两人都没听懂。

回来后，马上查资料。原来，南宋确实有种特殊的花盆，叫"占景盆"。

"盘花"固然可以盛放大量的花束，但没法固定花枝，一不小心花枝就东倒西歪，失去美感。爱花人士无法忍耐这个，于是，插花专用器物"占景盆"被发明出来，实现了花器功能上的一大突破。

北宋陶谷《清异录》中写到"占景盆（盘）"的发明过程：五代时，"郭江州有巧思，多创物，见遗占景盘，铜为之，花唇平底，深四寸许，底上出细筒殆数十。每用时，满添清水，择繁花插筒中，可留十余日不衰"。

占景盆这个名字是如何来的呢？占是站立的意思，占景就是让花枝竖立在盆中。后周人郭江州（909—960）发明的占景盆，铜做的，盆深四寸左右，盆底伸出数十根细管子。用的时候，盆中加满水，将繁花插入细管中，可保存十多天不衰败。

可以想象，花枝在盘内圆柱里单枝插置，不受其他花枝的影响，避免花束因捆绑挤压而加速衰败。众多花枝插在贮满水的筒中直立高耸，可以摆出各种优美姿态，高低错杂，随心所欲。占景盆的细管近底部有开孔，其位置在细筒底部之上约半寸，盘内添满清水之后，盘中与管内的水可相互连通，花枝也可吸收到足够的水分。

宋代虽将铜盆改为青瓷盆，但式样、结构不变。

德寿宫这件占景盆虽然残破，但也能大致看出其曾经的形状。它呈六边形，直口折沿，斜腹，底部有七个残缺的圆柱形小管子，管底有小孔，可吸收盘内的水滋养花枝，延长花枝观赏期。这件器物通体施青绿釉，釉色清亮，呈梅子青色，当初应该是宫里常用的器物。

说实话，我第一眼看到实物时，是有疑问的：底部伸出来的七根细管，是否修复得太高了？应该低于盆沿一截，插上花时才不会露出管子，整盆花才会显得自然。

完整器型能不能找到呢？来了。

### 5.令观者一头雾水的瓷器品种

在四川博物院，有一件南宋的龙泉窑豆青釉五管瓷花插。整体造型与德寿宫六方七管占景盆一致，只是盆底的细管少了两根。从这件瓷器的器型看，确实管子要略低于盆沿。

说起四川，倒让我想起了四川遂宁金鱼村窖藏出土的那批南宋青瓷。2013年11月，杭州南宋官窑博物馆举办了题为"蜀地遗珍"的四川遂宁金鱼村南宋窖藏瓷器精品展。那场展览，几乎让我流连忘返，件件瓷器都精美，工艺臻于极致。其中让我印象最深的是一件五管瓶，那个釉色，说温润如玉毫不为过。

当时觉得这个器型非常奇怪，查资料呢说是随葬器中的"魂瓶"，这就更让人丈二和尚摸不着头脑了。现在看来，那也应该是件插花的花瓶。

说回占景盆。我抽签时看到德寿宫的六方七管占景盆时，觉得器型好复杂，哪知在占景盆中它还算朴素的，还有更炫技的呢！

来看这件英国萨塞克斯大学收藏的北宋晚期耀州窑青瓷花器，其底部有插口，盆沿内有六组小插孔，每组三个。可以想象，这个盆插满花时，必定满满当当，花团锦簇。

这是占景盆的极致了吗？不。美国波士顿美术馆藏有一件宋代的青瓷刻花唐草纹占景盆，更为妖娆。盆的中部突起一朵大莲花，莲花花瓣呈放射状，均为镂空，莲花与盆沿之间，有一圈九根插花管子，管子形状为昂头张口的小兽。层层莲花纹镂空与器身缠枝纹浮雕相得益彰，精美无比。这件占景盆可插出密密实实的效果。

有趣的是，这件占景盆被波士顿美术馆与一件香炉搭配在了一起，也许是因为釉色、工艺、刻花、造型等风格比较接近，被认为

插花篇

宋　龙泉窑豆青釉五管瓷花插　四川博物院藏
宋　四川遂宁金鱼村窖藏出土五管瓶　四川宋瓷博物馆藏

宋　龙泉窑五管瓶　浙江省博物馆藏　　宋　龙泉窑五管瓶　浙江省博物馆藏

宋　耀州窑青瓷花器（正面和背面）　萨塞克斯大学藏

053

## 南宋四雅
书画器物中的南宋生活美学

宋 青瓷刻花唐草纹占景盆与香炉 波士顿美术馆藏

是同一件器物。这下问题来了,说它是香炉吧,解释不了上面部分,说它不是香炉吧,又实在想不出这件器物的用途。

现在想来,或许它们真的是同一件器物,上面插花下面焚香,让人既能赏花又能享受香气,莫不是一种大胆的尝试?

说到国外博物馆被占景盆搞晕这件事,例子可不止这一个。大名鼎鼎的大英博物馆,在描述明代正德年间一件青花七孔球形器时,将其用途定义为"帽架"。因为这圆球,球顶七个小洞,实在看不出它是拿来干什么用的。但它真不是拿来放帽子的,而是一个占景球,插花用的。

明 青花占景球 大英博物馆藏

## （五）插花的意义到底何在？

回到南宋的插花，其实在花器梳理过程中，有个困惑始终围绕着我：宋人花了那么多心思在插花上，将其作为"四件雅事"之一，发展出来各种花瓶、花盆、花篮等，讲求花与花器的搭配，不断追求完美、极致，将"花之雅"总结出规律与程式。但花儿终究是易谢之物，即使是用古铜瓶、占景盆，花儿的妍丽芬芳也只能坚持十几天。

事实上，宋人也有过这种惆怅。李清照感叹："醉里插花花莫笑，可怜春似人将老。"叶梦得感叹："尊前点检旧年春，应有海棠犹记、插花人。"刘克庄感叹："追数樽前插花客，人物并皆佳妙。禁几度、西风残照。"

此文结束在一个春夜，细雨缠绵。我拿出一个青瓷小胆瓶，插上一枝带雨的红梅，退后看看，好美啊。突然，像感觉系统被接通，一下子明白了宋人插花的意义。

一得即永得。

# 焚香篇

南·宋·四·雅

书画器物中的南宋生活美学

香，是个特别幽玄的话题。

香通天、地、人三界。据传北宋黄庭坚概括了"香之十德"：感格鬼神、清净心身、能除污秽、能觉睡眠、静中成友、尘里偷闲、多而不厌、寡而为足、久藏不朽、常用无障。

香的世界，一入深似海，太丰富庞杂了。世上形形色色的宝贵香料，基本可划分为：来自动物的龙涎香、麝香、甲香等，来自树木的沉香、檀香、乳香、安息香、龙脑香、降真香、苏合香等，来自花草的鸡舌香、郁金香、迷迭香、白芷、芸香、藿香、茅香、豆蔻等。

宋代，是我国历史上用香最为普及的朝代。当时因海外贸易发达，朝野上下香料充足，宋人生活中便无处不用香。祭祀、庆典要用香，雅集、宴会要用香，祝寿、婚丧要用香，四时八节要用香，坐课清谈也要用香。山林游览，书斋品道，听琴读书，登高远眺，赏星览月，无不与香为伴。

在全社会品香、斗香的风潮中，宋代的香学研究达到了历史高点，香学专著数量众多。可考者有：北宋时期丁谓《天香传》、沈立《香谱》，南北宋之际洪刍《香谱》、颜博文《香史》，南宋时期曾慥《香谱》及《香后谱》、周去非《岭外代答·香门》、范成大《桂海虞衡志·志香》、宋元之际叶廷珪《南蕃香录》和《名香谱》、赵汝适《诸蕃志·志物》、陈敬《陈氏香谱》。

"即将无限意,寓此一炷烟。"想探寻宋人的香世界,我们不妨先来看一些片段。

## (一)红雾香中拥玉皇

南宋皇宫沿凤凰山而建,东低西高,呈不规则方形。宫墙高约三丈[①],西边沿山蛇行。当年舟船到达江边,远望凤凰山时,只见依山而建的殿宇层层上升,一带红墙围绕,金顶碧瓦相映,"栋宇高低若涌波",是一座何等壮丽的皇宫。

在皇宫高高的西北角,怪石夹列、林木葱郁间,"崔嵬作观堂,为上焚香祝天之所"。每天天一亮,吴山上的三茅观就响起钟声,观堂之钟也随之敲响。皇帝洗漱已毕,在一尼一道的陪侍下,上山,进入观堂,焚起香,虔心祈祷。

这时,百官开始入宫上朝。禁卫和内侍们一面验证身份,一面"高唱名号",依次放官员入宫。百官进得宫来,只听见两旁禁卫一声接一声地高喊:"那行!(往那边走!)"连续不断的喊声,在晓雾未消的凤凰山下震响,就像一阵阵滚滚而来的雷声,时称"绕殿雷"。

百官一片肃静,诚惶诚恐地根据指示走,"簇拥皆从殿庑行"。穿过东西两侧长廊,到达殿前广场。广场上设有排班石,即站队的指示标记,大家按级别高低,先后有序站好队,这就是"千官耸列朝仪整"。

队伍站定,殿上值班内侍高声喝问:"班齐未?"禁卫答:"班齐!"百官方才鱼贯上殿。霎时,朝靴叩着玉阶,发出轻微的声响。

---

① 一丈约合3.33米。

宋 赵伯驹《汉宫图》 台北故宫博物院藏

入殿，当门而立的是等人高金色御炉，御香缥缈，殿内灯火辉煌。此时，"已见龙章转御屏"，皇帝已经从御屏后走出来，高坐在龙椅上了。

上朝时，御炉一直焚着香。君臣对话均在香雾中进行。春天的早晨，乍暖还寒，"御炉香焰暖"是上朝官员的真切感受。南宋洪迈《容斋随笔》引用《春日早朝应制》云："紫殿俯千官，春松应合欢。御炉香焰暖，驰道玉声寒。乳燕翻珠缀，祥乌集露盘。宫花一万树，不敢举头看。"对于御香，朝臣们回家了简直不舍得洗衣服。南宋吴自牧《梦粱录》记道："前辈有诗云：'宴罢随班下谢恩，依然骑马出宫门。归来要侈需云盏，留得天香袖上存。'"

在接见外宾时，大殿上的香烟和香炉也令人印象深刻。叶寘《爱日斋丛抄》记载："乾道八年正月五日，宴北使，雪后日照殿门。《乐语》云：香袅狻猊，杂瑞烟于彩仗；雪残鹓鹭，耀初日于金铺。"作者叶寘由此推测：故都紫宸殿有二金狻猊，盖香兽也，故晏

宋 李公麟（传）《维摩演教图》中的狻猊 故宫博物院藏

公《冬节》诗云："狻猊对立香烟度，鹭鹭交飞组绣明。"从大臣们的诗词中也可看出，朝堂上用的香炉通常是狻猊。

狻猊是宋人喜爱的香炉之一。北宋洪刍写了本《香谱》。洪刍乃品香高手黄庭坚的外甥，从小耳濡目染。洪刍记道："香兽，以涂金为狻猊、麒麟、凫鸭之状，空中以燃香，使烟自口出，以为玩好。"铜制的香炉，外面鎏金，做成狻猊、麒麟、凫鸭的形状，腹内中空，燃香后香烟自口中吐出，宋人觉得好玩。

兽，一般有狻猊、狮子、麒麟等。铜制的叫"金兽"，玉制的叫"玉兽"。瓷的，因釉色如玉，也叫"玉兽"。狻猊，是"龙生九子"的九子之一。狻猊被收作文殊菩萨的坐骑。因喜烟好坐，其形象经常出现在香炉上，安静地坐着吞烟吐雾。陆容《菽园杂记》卷二中记载："金猊，其形似狮，性好火烟，故立于香炉盖上。"李清照《凤凰台上忆吹箫》，有"香冷金猊"之句。周紫芝《鹧鸪天》有"调宝瑟，拨金猊，那时同唱鹧鸪词"。只是，文人案头的狻猊小巧精致，皇家的狻猊博大堂皇。

而这仅仅是日常用香。遇到皇家祭祀时，香的用量会大增。

祭祀，是以扶摇直上九天的青烟作

焚香篇

为与上苍沟通的媒介。也许是国破家亡的教训太过深刻,也许是创立南宋王朝过于艰辛,宋高宗非常重视祭祀。日子再苦,供给上天神灵与祖宗的香火不能马虎。

　　古籍将这些情景进行了再现。比如:《武林旧事》之"大礼"记载,冬至日在南郊祭天,皇帝走向"郊坛"并登上坛阶的这一段路,会用黄色丝罗铺出一条专设的御道,同时还有个太监捧着大金盒,位于皇帝的前侧位置,不断从盒里抓起龙脑香末,撒在"天步"将临的黄罗道上。"上服衮冕,步至小次,升自午阶。天步所临皆藉以黄罗,谓之'黄道'。中贵一人,以大金合贮片脑,迎前撒之。"

　　《梦粱录》亦有类似的记载。九月皇帝在明堂祭天时,进明堂

宋《孝经图卷》中的祭祀场景　辽宁省博物馆藏

的这一小段路，也是用黄色丝罗铺地，上面撒上龙脑香末。"上自黄道，撒瑞脑香而行，至明堂殿小幄次，请上升御座，少歇，伺礼节严整。"

除了常规的祭祀，如遇地震、干旱、洪涝等天灾，皇帝还要举行特别的祭祀。《邵氏闻见后录》记载，庆历年间京师夏旱无雨，宋仁宗亲自祈雨，一次就焚烧生龙脑香十七斤。然后，"日色甚炽，埃雾涨天，帝玉色不怡。至琼林苑，回望西太乙宫，上有云气如香烟以起，少时，雷电雨甚至"。

皇帝祭祀时，焚香规模大、数量多，一般要用到特大号的鼎式炉或簋式炉。

总之，红雾香中拥玉皇，皇宫中时时处处离不开焚香。

# （二）南宋香品知多少？

### 1.宫中第一香是什么香？

南宋初建，宋高宗日理万机之余，没忘记香品这件事，安排有关人员研制奇香，成功复制出宫中第一方，名叫"东阁云头香"。这是南宋顾文荐《负暄杂录》中记录的。

东阁云头香，好名。

既是复制，必有原版。是的，原版为宋高宗之父宋徽宗的"东阁云头香"。这款香名怎么来的呢？

宋高宗爷爷宋神宗时，于熙宁八年（1075）建了睿思殿，作为皇帝读书的场所。黄庭坚诗注："睿思，神宗便殿，在垂拱殿后。"当年司马光编成《资治通鉴》时，神宗皇帝很高兴，朝中辅臣们争相来看，发现神宗皇帝在每卷的页首和页尾，均盖上睿思殿宝章，可见尊宠。

二十年后，宋哲宗绍圣二年（1095），在睿思殿后又建成宣和殿。宋徽宗继位后，沉迷书画，"以睿思殿为讲礼进膳之所，就宣和燕息"。睿思殿是宋徽宗读书、讲习之所，宣和殿是宋徽宗的藏书画处，著名的《宣和画谱》即以之冠名。

其实，在宋徽宗收藏的书画作品中，不少也加盖了睿思殿的章。虽说宋神宗的"睿思殿宝章"不知何模样，但宋徽宗的睿思殿宝章我们现在还能看到。

历代收藏鉴赏家，大都喜欢在他们收藏或看过的书画上钤上几个印记。从现存的历代书画作品看，宋徽宗用过的钤印主要有御书、双龙、宣和、政和、内府图书之印、重和、大观、宣和中秘、睿思东阁等。如在台北故宫博物院收藏的《山鹧棘雀图》上，钤盖有宋徽宗的双龙、宣和、政和、睿思东阁之印。

宋徽宗所用的"睿思东阁"方印有两种：一为篆文小印，多钤于法书上；一为九叠文大印，多钤于画上。

在宋代，士大夫们读书要有"红袖添香"，宋徽宗在睿思东阁读书、鉴赏书画，陪伴他的是哪种香呢？

其中一种就是"东阁云头香"。

宋人张邦基《墨庄漫录》中载："宣和间，宫中重异香，广南

宋徽宗"睿思东阁"钤印

笃耨、龙涎、亚悉、金颜、雪香、褐香、软香之类。笃耨有黑白二种，黑者每贡数十斤，白者止一二斤。以瓠壶盛之，香性熏渍，破之可烧，号瓠香。白者每两价直八十千，黑者三十千。外廷得之，以为珍异也。"

宣和年间，宫中流行进口香料。

有一件趣事，2010年10月8日至12月26日，台北故宫博物院举办了"文艺绍兴——南宋艺术与文化特展"，共有来自中国及日本的十七家博物馆的四百一十件展品。其中向杭州博物馆借展的文物中，有一串青瓷珠子。

当时沈芯屿老师在杭州博物馆工作。她说文物交接时，其他都顺利，这串珠子却奇怪，双方数了好几遍数目都对不上。后来还是十颗一组放开，才点清楚，一共九十九颗。

我明白沈老师的意思，一串长珠子要是完整的话，应该是一百零八颗。佛珠最常见的就是一百零八颗。

我那时在外汇管理局工作，一听九十九颗这个数字，马上明白了：这串青瓷珠是出口的外贸产品。为何？伊斯兰国家的念珠是九十九颗的（或者三十三颗，转三圈正好是九十九），以此体现真主安拉的九十九个尊名，信众每念一个尊名，拨动一颗珠子。

出口已经涉及珠子这么细小的类别，不由感叹南宋外贸的发达。

事实上，外贸在北宋时已开始繁荣。原因有三：

一是唐代安史之乱后，吐蕃、契丹、女真、蒙古等民族的相继崛起，切断了中原与外面的陆路联系，西北大门牢牢关闭。北宋受辽的威胁，逐渐退缩到东南一隅，东南方的海路成了宋朝与世界往来的唯一通道。

二是北宋面对强盛的辽，每年军费开支和缴纳"岁币"是沉重负担，不得不想方设法开辟新的财政来源。国内物品丰富，有大量优质产品可以出口,海外贸易是不二选择。

三是西方十字军东征、塞尔柱突厥人的兴起,迫使活跃的阿拉伯商人把贸易视线转移到东方,向东方开辟商路,越来越多地出入我国沿海口岸。这从客观上为宋代的海外贸易创造了有利的国际环境。

据统计,宋代对外贸易港口有二十余处,设有广州、泉州、明州(现宁波)、杭州、密州(现诸城)五个市舶司,市舶司下有的还设有市舶务、市舶场等下属机构。进出口货物四百一十种以上,按性质可分为宝物、布匹、香货、皮货、杂货、药材等。单是进口香料,其名称就不下百种。

《梦粱录》道:"浙江乃通江渡海之津道,且如海商之舰,大小不等,大者五千料,可载五六百人。中等二千料至一千料,亦可载二三百人。余者谓之'钻风',大小八橹或六橹,每船可载百余人。"《岭外代答》卷六"木兰舟"条载:"舟如巨室,帆若垂天之云,柂长数丈,一舟数百人,中积一年粮,豢豕酿酒其中。"

巨大的商船,通过"海上丝绸之路"把南亚、西亚、东南亚的

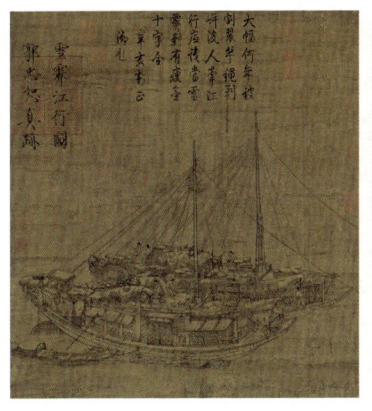

宋 郭忠恕《雪霁江行图》中的商船　台北故宫博物院藏
宋 张择端《清明上河图》中的商船　故宫博物院藏

各种香料，源源不断地运输到杭州、明州、泉州、广州等港。1974年，在泉州湾后渚港发掘出了一艘宋代末年的沉船，是远洋归来的商船，出土物最多的是香料药物，竟有四千七百多斤。

在宋代进口商品中，香料是大宗物品，也是朝廷重要的税赋来源。

香料生意因为利厚，由国家垄断。《宋史·食货志》记载："宋之经费，茶、盐、矾之外，惟香之为利博，故以官为市焉。"海舶贸易而来的香料，首先依据市舶关税，由市舶司进行抽解，"十先征其一"，淳化二年（991）则立抽解其二，南宋绍兴十四年（1144）甚至高到十抽其四。其次在京师设"榷院"负责香药专卖事宜，"诏诸番香药、宝货至广州、交趾、泉州、两浙，非出官库者，无得私相贸易"。

宋徽宗任命蔡京做宰相时，有六七个大商人去蔡京处诉苦，说前几任宰相曾向他们借款三千七百万贯，至今未见朝廷归还。蔡京将该情况上奏，宋徽宗听后皱着眉头说：朝廷竟然欠商人钱，久不偿还，太丢脸了。蔡京说，我有办法。

他的办法是啥呢？他让有关部门盘点库存中的积压物资，以及香药、漆器、牙锦之类，抬高价格算给商人。商人肯定不接受啊，请求先少要点到市场卖卖看，如果能卖掉再全部要。那时香料中乳香的利润颇高，蔡京就先出乳香给商人。果然，商人们获利数倍。尝到甜头，便将货物全部盘下，不到半年，朝廷欠债悉数偿还。后来商人们卖货时才发现，折损太大了，只能收回十之一二，这下有苦无处诉。

说回进口香料。

这些进口香料中，哪种最为珍贵呢？龙涎香。宋张世南《游宦纪闻》卷七载："诸香中龙涎最贵重，广州市直每两不下百千，次等亦五六十千。系蕃中禁榷之物，出大食国。"具体贵到何种地步？

宋张知甫《张氏可书》中提及一个做外贸的商人，他手里有真正的龙涎香，有二钱，要价三十万缗，否则不卖。

当时宋徽宗的宠妃，四妃之首的文贵妃，出价二十万缗，商人不肯出售。于是就让开封府检验其货品的真伪。小吏问："怎么证明你的货是真的？"商人答："你把这个龙涎香浮到水面上，鱼儿都会聚拢来。用它熏衣，香气源源不断。"一试，果然如此。

二十万缗，换算成如今人民币，估计得上千万了。由此可知历史上龙涎香之珍稀昂贵也。

龙涎香确实是世界上最难获得的香料。它来自抹香鲸消化系统。抹香鲸吞食鱼类后未能消化的鱿鱼、章鱼等的喙骨，会在肠道内分泌出一种凝结物。该物排出体外后，经过阳光、空气和海水长年共同作用，会变硬、褪色并散发香气。

一块龙涎香要在大海上漂浮十几年甚至上百年，才会被海水偶然带到海滩，其珍稀程度可想而知。而龙涎香香气之优雅、定香之持久，为诸香之冠，这使其成为全球最为珍稀的香料之一，千金难求。

如此贵重的龙涎香，令宋徽宗四妃之首的文贵妃都感到棘手，在宫中是否销声匿迹了呢？不，宋人自有他们的办法。宋人通过合香，调和诸香来模拟出罕见的龙涎香。《陈氏香谱》中以龙涎命名的香方逾三十种。

当然，皇家头牌之"东阁云头香"，还是用到了真正的龙涎香。

"东阁云头香"用的全是贵重香料，香品以东南亚沉香、海南沉香为本，杂以龙脑、麝香、番红花（宋人称为栀花）等，以龙涎香点睛，用名贵的蔷薇水为调和剂。

蔷薇水是龙涎香的最佳搭档。它能柔和诸香，使诸香在龙涎香加入后散发出一种极其高贵且富有变化的清韵，而龙涎香又能将这种清韵长久保持下去。蔷薇水本身香味极佳。南宋刘克庄《宫词四首》中这样形容:"旧恩恰似蔷薇水,滴在罗衣到死香。"当时的蔷薇水是舶来品,南宋杨万里在《和张功父送黄蔷薇并酒之韵》中写道:"海外蔷薇水,中州未得方。"蔷薇水进口时怎么包装的呢?南宋董嗣杲《蔷薇花》里有说明:"海外有瓶还贮水,庭前无洞可藏花。"这个瓶,就是伊斯兰琉璃瓶。

宋 伊斯兰琉璃瓶 浙江省博物馆藏

北宋亡,但"东阁云头香"一直缭绕在士大夫们心头。高宗绍兴二年(1132)进士郑刚中在《广人谓取素馨半开者囊置卧榻间终夜有香用之果然》中写道:"素馨玉洁小窗前,采采轻花置枕边。仿佛梦回何所似,深灰慢火养龙涎。"张元幹的《青玉案》中也有关于熏燃龙涎香的描写:"月华冷沁花梢露。芳意恋、香肌住。心字龙涎饶济楚。素馨风味,碎琼流品,别有天然处。"

但最怀念"东阁云头香"的人,不用说大家也知道,是宋高宗。

宋高宗天性爱好书画,对北宋皇宫中的睿思殿想必念念不忘。有关睿思殿的种种,他都竭力复原。他在南宋皇城的东北,修建了睿思殿。岳飞之孙岳珂曾写《宫词一百首》,其中说道:"丁丁宫漏滴金壶,璧管龙煤荐玉蜍。灯火阑珊歌舞散,睿思殿里答边书。"

宋高宗用过的钤印除了乾卦、希世藏、绍兴、内府书印、内府图书、机暇清赏、机暇清玩外,当然还有"睿思东阁"。在大英博物馆收藏的唐摹本《女史箴图》上,钤盖有绍兴、内府图书之印、睿思东阁。在故宫博物院收藏的《褚摹兰亭序》卷上,钤盖有绍兴、

唐 佚名摹东晋顾恺之《女史箴图》（局部） 大英博物馆藏

内府书印、睿思东阁。

如此，便理解了南宋顾文荐《负暄杂录》中的这句话：绍兴年间，高宗"万机之暇，留意香品，合和奇香，号东阁云头"。南宋建立不久，宋高宗便着手复制"东阁云头香"。李彭老《天香·宛委山房拟赋龙涎香》写到这件事："捣麝成尘，薰薇注露，风酣百和花气。品重云头，叶翻蕉样，共说内家新制。"宋代的"内家"就是指皇家。

陈敬《陈氏香谱》卷三收录了"复古东阁云头香"香方：真腊沉香十两、金颜香三两、拂手香三两、蕃栀子一两、梅花片脑二两半、龙涎二两、麝香二两、石芝一两、制甲香半两，右为细末，蔷薇水和匀，用石硾之脱花，如常法爇之。如无蔷薇水，以淡水和之亦可。

从香方来看，南宋的"东阁云头香"，确实是走的"复制"一路。还是以沉香为主体香料，真腊沉香当时是指东南亚一带的沉香。番红花等香料用来调和香韵，龙脑通关开窍，麝香定香，甲香发香、聚烟，龙涎香一则提升香韵，二则延长香时。再以蔷薇水和匀。

复制的东阁云头香，不仅宋高宗一朝制作和使用，后面的各任皇帝均延续使用。南宋皇宫中所制的龙涎香香品中，宋高宗、宋孝宗、宋光宗三朝的"复古东阁云头香"最为值钱。《居家必用事类全集》"龙涎香"条诗云："龙涎香名有多般，此物暗昧仔细看。伏古云头并清燕，三朝修合最直钱。"

**2. 宫中第二香为何取名不风雅？**

2015年11月13日至2016年4月5日，浙江省博物馆举办"中兴纪胜——南宋风物观止"展览。展览展出精美文物近五百件（组），系利用浙江省博物馆藏品，并承国内四十六家文博单位慷慨出借馆藏珍品而成。

其中从常州博物馆借展的一件藏品，像一块小小的泥巴，我看展时根本没注意到，事后回想也回想不起来，翻照片更没见到它的身影。

可见，知识面直接影响看展的体验。如果是在拍卖场合，不懂的话机会瞬间错过。

说南宋焚香，绕不开这块"小泥巴"。

1978年，江苏武进村前蒋塘发现两组南宋末年墓葬，发掘者推测墓主是薛极或其亲属。其中出土一枚香饼，呈方形，边长4.5厘米，分量极轻。正面刻有"中兴复古"楷书四字，背面模印蟠屈向上、身姿相对的两条龙。"中"字处有一个小圆孔，用来穿线佩系。

熟悉香品的朋友看到"中兴复古"四个字，马上激动了吧。前面我们说到南宋顾文荐《负暄杂录》"龙涎香品"条说：绍兴年间，高宗"万机之暇，留意香品，合和奇香，号东阁云头"。接下来还有一句："其次则中兴复古，以占腊沉香为本，杂以脑麝、栀花之类，香味氤氲，极有清韵。"

南宋皇宫里的奇香，头牌是我们前面说的"东阁云头"，第二名叫"中兴复古"。根据扬之水老师考证："上世纪七十年代末，常州武进村前乡南宋墓出土'中兴复古'香饼一枚，它与宋人《负暄

宋 "中兴复古"香饼　常州博物馆藏

杂录》中说到的'中兴复古'相合，自然不是凑巧……我发表于本世纪初的《龙涎真品与龙涎香品》一文，即考证它为内家香。"

内家香，即指皇宫中的香品。

"中兴复古"香饼"中"字处有一个小圆孔，是用来系绳子佩戴的。周密《武林旧事》记载，端午当天皇帝会赏赐后妃及其身边宫人香囊、软香以及龙涎佩带等。宋宁宗的皇后杨皇后有《宫词》道："近臣夸赐金书扇，御侍争传佩带香。"所咏的即用于佩戴的香饼。

江苏武进村前蒋塘宋墓的墓主为薛极或其亲属。薛极，是官至副相的毗陵公，获得宫廷赏赐"中兴复古"香饼顺理成章。同是这组墓地，还出土了一枚直径6厘米的圆形香饼，香饼外缘包银，银边打作四季花卉，中有一个用作佩系的小环。这正印证了宋代《铁围山丛谈》记载的：宋徽宗政和时"古龙涎香"以"金、玉穴之"，并以"青丝贯之，佩于颈"。香饼用金玉镶嵌，串上青丝线，可挂在脖子上。

如此一来，倒是令人对此香饼的用途产生了疑惑，"中兴复古"香饼的尺寸是边长4.5厘米，而焚香的香丸或香饼往往如"豆"大小。所以"中兴复古"的用途与"东阁云头香"并不一样。它是用来佩戴的，以人体的温度使其散发幽香，提神醒脑，令人神清气爽。

皇宫中的香品，名字都非常雅致，第二名香品为何叫"中兴复古"这么一个非风雅系的名儿呢？

中兴，是指王朝衰微或者经过变乱后再次兴旺。靖康二年（1127），金军掳掠宋徽宗、钦宗等北去后，赵构在南京应天府（今河南商丘东南）即位，改元建炎。南宋建立之初，金兵多次南下，南宋军民顽强抵抗，遏制了金兵南侵，最终双方和议，形成了宋金长期对峙的局面。自此南宋政权稳固，经济蒸蒸日上，历史上把这段时间称为宋室的"中兴"。

因为非正常继位，赵构必须刻意宣传自己是顺应天意的真命天子，借以巩固皇位。于是便有了心腹之臣曹勋编写的"瑞应故事"，萧照又据此故事绘制了图画长卷，即《中兴瑞应图》。

《中兴瑞应图》有多卷，都是描绘赵构为冥冥中的真命天子的事迹。如有一段画深宫内庭中，赵构之母正用棋子占卜，写有赵构名字的棋子顺利地摆入了九宫格中，而其他皇子的棋子皆不入；有一段画赵构行至郓州（今山东菏泽市辖区东北部），见一榭曰"飞仙台"，意欲卜命，便搭弓射向飞仙台三字，结果三箭皆中；还有一段画的是赵构做兵马大元帅时，梦见兄长钦宗在宫中将御衣加在自己身上，喻示他"受之有命"。

宋室南渡，在站稳脚跟的过程中，朝中将领以张俊、韩世忠、刘光世、岳飞战功最为卓著，他们在抵抗金兵、保证南宋政权的建立与巩固的过程中起过重大作用，被誉为"中兴四将"。高宗一朝的文献典籍也以中兴命名，如《中兴小纪》《中兴遗史》等等。

所以，"中兴"是宋高宗情结所在。

那么"复古"呢？复古背后的潜台词是"复古守正，以求出新"。复古并不是南宋才提出的口号，而是北宋就已成熟的概念。

焚香篇

宋 萧照《中兴瑞应图》（局部） 天津博物馆藏

宋 刘松年《中兴四将图》 故宫博物院藏

宋初文人多数是从五代十国入宋的，其文风软绵浮艳，北宋士大夫提出复古主张，倡导平淡典要文风。一场复古风从文学开始，悄悄吹向书法、音律、礼仪、朝政等方方面面。宋仁宗时期，朝廷财政吃紧，范仲淹、欧阳修等人推行庆历新政，一场新旧势力的对峙拉开序幕。庆历前后是一个学术争鸣的时代，出现了中国学术史上著名的疑古惑经思潮，文以载道、文以明道、经世致用思潮得到了最充分的实践，复古风提升了维度。

复古思潮催生了宋代最精锐的一批士大夫。我国科举史上被誉为"千年科举第一榜"的，即宋仁宗嘉祐二年（1057）进士榜。这一榜，一次性替宋仁宗网罗到一位名将、三个大文豪、九个宰执。

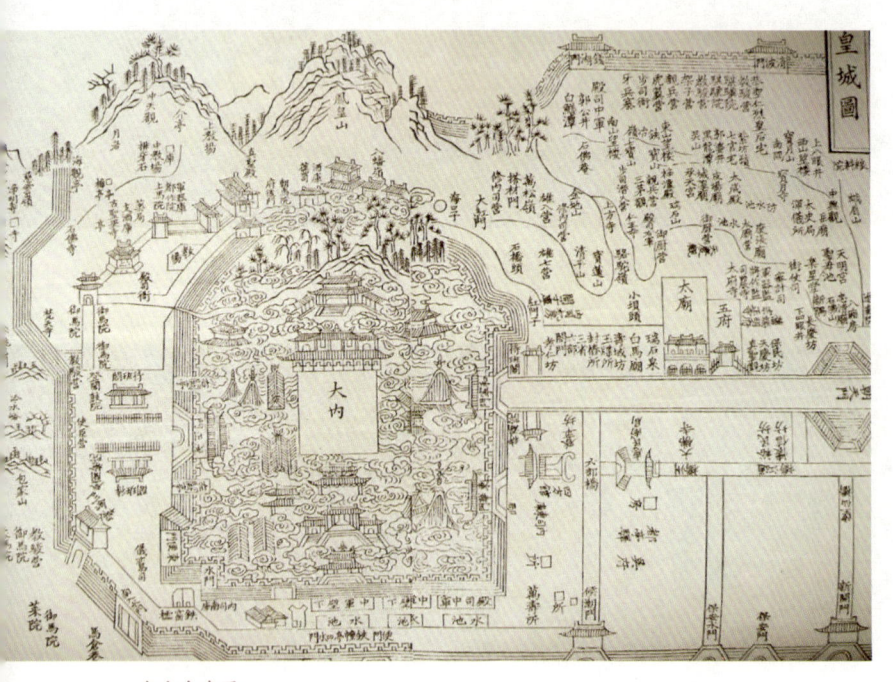

南宋皇城图

当宋仁宗得知苏轼、苏辙两兄弟同时高中,喜道:"吾为子孙得两宰相。"

嘉祐二年进士榜是每个帝王的梦想吧,对初建王朝的宋高宗来说,尤其憧憬。绍兴二十八年(1158),宋高宗在皇宫内建"复古殿",作为自己休闲放松的地方。宫中日用酒品中,有一款就叫"复古殿香羔儿酒"。

所以"中兴复古"这个名,虽非风雅,但背后是宋高宗浓浓的情思与希冀。

**3.令士大夫们销魂的"销魂香"**

关于香品,有个说法是:权贵好龙涎,文人喜梅香。

以梅为名的香方有野梅香、江梅香、蜡梅香等,各种梅香的香型均有所不同,可谓香韵独具。这当中,最有名的是"韩魏公浓梅香"。但是,说"韩魏公浓梅香"之前,先要了解一下"黄亚夫野梅香"。

北宋黄庶,字亚夫,是黄庭坚的父亲。他有一款"野梅香"非常神奇,香料中未用到与梅花相关的任何成分,焚香时却能散发出野梅的香韵。《陈氏香谱》记载其配方及制作步骤:"降真香四两、腊茶一胯,右以茶为末,入井花水一碗,与香同煮,水干为度。节去腊茶,碾降真为细末,加龙脑半钱和匀,白蜜炼令过熟,搜作剂,丸如鸡头大或散烧。"

腊茶一胯,"一胯"一般指一个跨步,是长度的概念,显然用来形容"腊茶"的多少是不合适的。为此查了很多资料,一度以为是像蹀躞带上的玉块大小,但不同蹀躞带上的玉块大小不同,还是没个准头。后来终于查到,北宋时腊茶做好后,压模而成饼茶。模子有龙团、带胯等形状。吴觉农《茶经述评》中认为,带胯之"胯"应为"銙",是一种金属模具,有方銙,有花銙,品色不同,其名

宋 马远《月下观梅图》 纽约大都会艺术博物馆藏

亦异。

想来黄庭坚是很熟悉他父亲这款香的。

宋徽宗崇宁二年（1103），朝廷严厉打击元祐党人，年近六十的黄庭坚以"幸灾谤国"被发配至遥远的广西宜州（即后来壮族歌仙刘三姐的故乡，今河池市宜州区一带）。

经过潭州（今长沙）时，诗僧惠洪赶来看他。夜里，他们在碧湘门（长沙城门）外的船上畅谈。有人叩船门，打开见是衡山花光寺的画梅名家仲仁。仲仁送来二枝墨梅图，他们便一起在灯下欣赏。黄庭坚感叹道："梅很俏，只可惜不香。"也许，他是想到了父亲那

宋 扬补之《四梅图》（局部） 故宫博物院藏

款"野梅香"。

　　惠洪笑了，从他的古董袋子里取出一小粒香丸，焚上。黄庭坚顿时感到如嫩寒清晓，行走在杭州孤山林和靖的篱落间。只觉此幽香比"黄亚夫野梅香"更清冽，味道也更浓郁。

　　他很好奇如此美妙香方是哪里来的。惠洪说，此香叫"韩魏公浓梅香"。韩魏公，即韩琦，北宋三朝宰相，仁宗嘉祐三年（1058）封魏国公，所以人称"韩魏公"。

　　惠洪从苏东坡那里得到这款香，而苏东坡又得自韩琦家。

　　黄庭坚与苏东坡的关系非同一般，他既是苏东坡的学生，又是其好友。苏东坡有如此好香居然不告诉自己，黄庭坚吐槽道：苏东坡从韩魏公处得到如此妙香，而他知道我有香癖竟然不告诉我，难道是拿小鞭子抽打后进的意思吗？

后人是怎么知道这件事的呢？宋人洪刍是黄庭坚的外甥，也许正是受有香癖的舅舅的影响，洪刍亦爱香，后来著有《洪氏香谱》。《洪氏香谱》中收录了"韩魏公浓梅香"的香方。作为舅舅，黄庭坚特意为该篇写了一则跋文，讲了上面那段故事。而且，黄庭坚认为，"韩魏公浓梅香"这个香名不能将香的奇妙体现出来，应改名叫"返魂梅"。

南宋末，陈敬编《陈氏香谱》时，又将"韩魏公浓梅香"香方及黄庭坚的跋文一起载录下来。

《陈氏香谱》中"韩魏公浓梅香"的香方如下："黑角沉半两、丁香一分、郁金半分（小麦麸炒，令赤色）、腊茶末一钱、麝香一

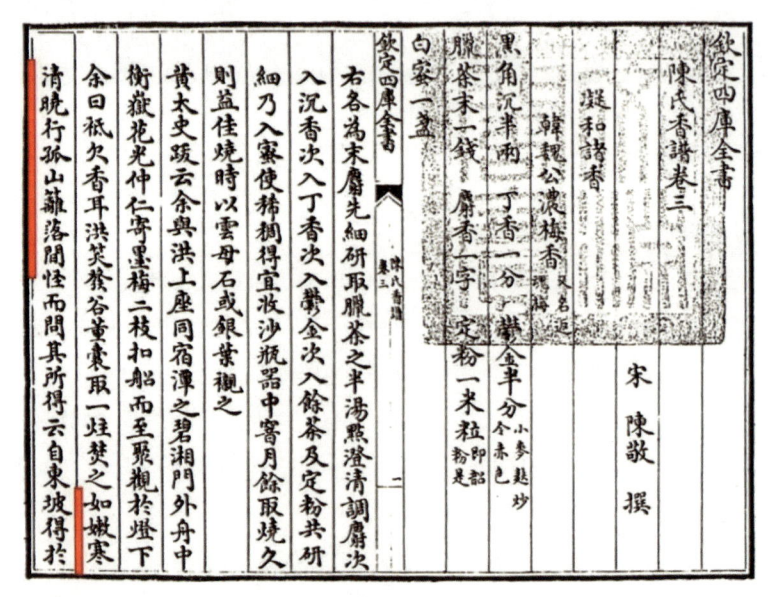

《陈氏香谱》"韩魏公浓梅香"香方及黄庭坚跋文

字、定粉一米粒、白蜜一盏。右各为末,麝先细研,取腊茶之半,汤点澄清调麝,次入沉香,次入丁香,次入郁金,次入余茶及定粉,共研细,乃入蜜,使稀稠得宜,妆砂瓶器中窨月余取烧,久则益佳。烧时以云母石或银叶衬之。"

该香方中,"丁香""麝香""定粉""白蜜"我们较为熟悉。"黑角沉"是一种沉香,结油多,像有光泽的乌木;"郁金"是一种姜科植物的根块;"腊茶"是一种加工工艺非常复杂的香茶,冲泡后其汁泛乳色,与熔蜡相似。

计量单位中,"半两"=15.625克,"一分"=0.3125克,"一钱"=3.125克。我们不熟悉的是以下计量单位:"一字",是指古铜钱上的一个字,一般以唐代"开元通宝"铜钱取量。"一米粒""一盏"则需要合香之人的经验。

此香方中的香,有的要事先炮制,做香时,先放哪种后放哪种皆有章法。做好后要放在陶瓷罐中窨藏一个多月。焚香时要以云母片或银子做的叶片衬着。

尽管香方中的五种香材没有任何的梅花成分,但焚香时所散发的香韵却是寒冬时节梅花所特有的清幽冷艳之气。将这股暗香取名为"浓梅香"确实俗了,黄庭坚一个"返魂香",真正绝倒。六百年后,曹雪芹写《红楼梦》时,借林黛玉之口咏白海棠:"偷来梨蕊三分白,借得梅花一缕魂。"或许是念念不忘"返魂香"的余韵。

"韩魏公浓梅香"因与苏轼、黄庭坚等名士有关而声名大噪,成为宋代文人阶层尤其是佛教界流行的香方。

南宋初的张邦基在其《墨庄漫录》中记载了一件事:"予在扬州,一日,独游石塔寺,访一高僧。坐小室中,僧于骨董袋中取香如茇许,炷之。觉香韵不凡,与诸香异,似道家婴香,而清烈过之。僧笑曰:'此魏公香也。韩魏公喜焚此香。'"

香能沟通三界,即地界、人界、天界。对于跳出世俗杂务的僧人来说，梅花清幽一香与其心境相合。而对于在官场翻滚的士大夫来说，自然钟情于不畏严寒依然能散发清绝香气的梅花。

前面我们说过，黄庭坚是在被发配去宜州的路上闻到"返魂香"的。当他一路艰辛终于到达宜州后，情况怎样呢？

其《豫章黄先生文集》记道，崇宁三年（1104）十一月，黄庭坚被贬到宜州已经半年了。官府差役说他不能在城中居住，于是在十一月带着被褥住于城南。他租的房子名为"喧寂斋"，虽然风雨相加，没有遮盖的东西，集市上叫卖声喧闹嘈杂，人们都说这里不宜居住，但是他并不为此忧虑，因他本出身农耕家庭，假如没去考进士，田园里的房屋也就这样子，又有什么可忧虑的呢？于是收拾好卧榻，焚香而坐，与西边邻居宰牛的案板相对。为李定（字资深）写这篇文章，其实是他花了三钱买鸡毛做成笔来写成的。

北宋的气候比现在冷，虽说宜州地处南边，但冬夜在风雨交加的屋子里还是很难熬的，而白天，邻居屠夫屠牛的种种难闻气味，对黄庭坚灵敏的鼻子也是莫大的折磨吧。而就在这种日子里，他闻到了梅香。其《宜州见梅作》道："天涯也有江南信，梅破知春近。夜阑风细得香迟，不道晓来开遍、向南枝。"这时，他必感慨"黄亚夫野梅香"和"返魂香"。

也许，他将"韩魏公浓梅香"改为"返魂香"也是冥冥中有所悟，即崇宁四年（1105）九月，黄庭坚在宜州去世。在他最失意的日子，是靠焚香来排解心中的苦闷，获得精神上的安宁的。

### 4. 宋人经常提到的"脑子"到底是什么？

宋人在谈到贡茶时，经常说到"脑子"，如《北苑别录》记载："不入脑子上品拣芽小龙一千二百片，六水，十宿火。入脑子小龙七百片，四水，十五宿火。""不入脑子上品拣芽小龙六百四十片，入脑子小龙六百七十二片。入脑子小凤一千三百四十四片，四水，十五宿火。入脑子大龙七百二十片，二水，十五宿火。入脑子大凤七百二十片，二水，十五宿火。"《鸡肋编》记载："入香龙茶，每斤不过用脑子一钱，而香气久不歇，以二物相宜，故能停蓄也。"

"脑子"到底是什么呢？

"脑子"即"瑞脑"。前面我们说宫廷用香时，多次说到瑞脑香，如"上自黄道，撒瑞脑香而行"。宋词中"瑞脑"出现的频率也颇多，如李清照的"薄雾浓云愁永昼，瑞脑消金兽"等。

那么，瑞脑到底是哪种香呢？

就是来自树木类的龙脑香，我们俗称"冰片"。

冰片可不是冰糖。它是龙脑香树的树脂凝结而成的一种近于白色的结晶体，多形成于树干的裂缝中，大的呈薄片状，小的为细碎颗粒。龙脑香树产于东南亚，中原人难以看到，因而古人谓之"龙脑"以示其珍贵。

《本草图经》说，唐天宝年间，越南上贡龙脑，皆如蝉蚕之形。越南使者说，老根节方有之，极难得。当时皇宫里叫这宝贝为"瑞龙脑"，意为祥瑞的宝贝龙脑。把它系在衣带上，香闻十余步外。瑞龙脑，简称"瑞脑"。

在《酉阳杂俎》中，记载了一则与瑞龙脑有关的故事。这不是一个有关奢侈生活的故事，而是一个伤感的故事：越南上贡的瑞龙脑，唐明皇赏赐给杨贵妃十枚，香气十步外就能闻到。有一次，唐明皇与一亲王下棋，让贺怀智在一旁弹琵琶，杨贵妃立在边上观棋。下着下着，眼看唐明皇要输，杨贵妃就将抱在怀里的西域哈巴狗松开，哈巴狗窜上棋盘，将棋局搞得乱七八糟。这下唐明皇乐坏了。正好一阵风吹来，将杨贵妃的披巾吹到了贺怀智的头巾上，好久才落下。贺怀智回家，觉得满身香气，就取下头巾珍藏在一锦盒里。等到安史之乱后，唐明皇从四川避难回来，追思杨贵妃不已（杨贵妃已在马嵬坡被缢死），贺怀智就将披巾献上，并说起当日之事，老皇帝黯然神伤，泣道："这是瑞龙脑香啊。"

瑞脑不仅香，还对身体有好处。《本草经疏》记载："龙脑香……其香为百药之冠……气芳烈，味大辛，阳中之阳，升也，散也，性善走窜开窍，无往不达。芳香之气，能辟一切邪恶。辛热之性，能散一切风湿。故主心腹，邪气及风湿积聚也。耳聋者，窍闭也，开窍则耳自聪；目赤肤翳者，火热甚也，辛温主散，能引火热之气自外而出，则目自明，赤痛肤翳自去，此从治之法也。"

用今天的话来说，龙脑是避开一切邪恶、阴气、湿浊的防护墙。室内若是焚上，不仅香，还杀菌消毒，去阴气，防霉变，洁净环境，难怪李清照喜欢。要有条件，谁不喜欢？

所以，宋词中龙脑香的出镜率相当高。如北宋宋白《宫词》曰："龙脑天香撒地衣，锦书新册太真妃。"南北宋之际的李清照《浣溪沙》道："瑞脑香消魂梦断，辟寒金小髻鬟松。"

**5. 海南沉香为何拔得头筹？**

宋人香品分为单香和合香两种。单香指仅使用单一香材熏香。单香有诸多优点：一是物尽其用，节省香材；二是幽雅清洁，香味纯正；三是最大限度地释放香气，让人能体会香味的变化和层次；四是出香时间较长。

还有个优点，就是使用方便。一般将香材斫小，或本身就是小碎屑，直接放入香炉点燃即可。各种类型的香炉或香熏均可使用。

但是这种品香方法对香材有很高要求，必须质量上乘，香味变化灵动，有初香、本香、尾香之分。海南沉香就是这样一款香品。

海南沉香在宋代的崛起，离不开一个人。

北宋，至少有三位朝廷重臣被贬到很远的地方——雷州和海南岛。雷州是距离朝廷非常远的地方，贬到雷州，言下之意是此生再也不要见你。但雷州再往南，隔海，还有片陆地叫海南岛。那是天涯海角啊。于是，皇帝将下辈子也不想见的人，贬去海南岛。

哪三位？寇准、丁谓、苏轼。

寇准和苏轼，大名鼎鼎。这丁谓是谁？

丁谓是个天才式人物，机敏聪颖，多才多艺，天象占卜、书画棋琴、诗词音律，无不通晓。"书过目辄不忘"，文追韩（愈）柳（宗元），诗似杜甫。有很强的应对和处理突发事件的能力，还是宋朝著名的经济方面的专家。

这样的人逢迎起皇帝来，谁人可比！他两度拜为宰相，封晋国公，显赫一时，名震天下。

寇准与丁谓被贬是有关联的。寇准刚直不阿，看不惯丁谓一味讨好皇上已久。俩人的矛盾迟早要爆发。乾兴元年（1022），丁谓趁机发难，攻击诬陷寇准，以致寇准遭贬雷州。

这一年，丁谓也已经五十七岁了。扳倒寇准后仅三个月，他自己的好运也走到了头。受"雷允恭擅移皇陵案"牵连，丁谓被罢相，贬为崖州（即今海南岛内）司户参军（七品）。

为何贬他去海南岛？丁谓把寇准贬到雷州，是希望寇准永远不要回京了。而新上任的宰相王曾把丁谓贬到海南岛，是因为海南岛比雷州还远。而且，去海南岛必须经过雷州。总之，要为寇准出口气。

到了海南岛后，丁谓调整心态。对香有特殊感觉的他，日渐被海南沉香吸引。朝廷将他拘于不近人烟的地方，倒正好没人打扰他，他可以清静、专心地寻香、试香、品香、写香，如此诞生的《天香传》，也带着别具一格的清纯气息。

海南沉香为何好呢？

一来是因为地理环境。"琼管之地，黎母山酋之，四部境域，皆枕山麓，香多出此山，甲于天下。"有个叫裴鸚的官员，是唐朝宰相晋公中令的孙子，非常熟悉海南的地理环境，他说：黎母山坐落

085

海南沉香　梁慧藏

在海南，一片平原四面被山绕着，山上香料很多，品质天下第一。

二来是因为取之有时。海南黎族人的主业是种地，采香不是他们的生计。闽南和越南的商人中，只有去杭州的才需要香料。每年冬天，当地人等商船来了，才进山采香卖给他们，所以时机不对，想买也没有。因此，海南出产香料虽多，但在平民聚居处交易，基本没有假货。

这点很重要。丁谓做了对比：广东多地也产香，与海南香比，品质差很多。虽然如此，因市场需求大，为了牟利，采伐过度。黄熟香还未成栈香，栈香还未成沉香，就被强盗般地砍伐了。恶性循环，香品越来越差。黎族人不到采香的季节绝不砍伐，因此树没有无故死亡的，采的香都是自然形成的，香品非常好。

那么，最关键的，丁谓怎么评价海南香？

他说，海南沉香有四种：沉香，栈香，生结香，黄熟香。这个分类曾使我们疑惑了很久，因为跟现在的分类是不同的。后来想明白了，丁谓是从两个角度来评香之优劣的：

一是沉不沉水。将香块放入水中，沉水的油脂多，品质就好，叫"沉香"。半沉半浮的叫"栈香"。栈，栈道，半伸进水里的路。浮在面上的叫"黄熟香"。

二是"生结"还是"死结"。活的沉香树，在刀斧斫砍、蛇虫动物啮蚀等外力引起较深的伤口后，树会渗出树脂以自我防护，从而在伤口附近结香。这叫"生结香"，也叫"生香"。如果沉香树枯死，或某个部位自然脱落，倒伏地面或沉入泥土，经年累月，慢慢分解，最终留下的以油脂成分为主的凝聚物就叫"死结香"，也叫"熟香"。

熟香一般就叫沉香、栈香、黄熟香。

生香则叫生结沉香、生结栈香、生结黄熟。

丁谓的评定结果是：熟香优于生香，因为生香是在没成熟的时候就被采集，非自然而成的，其含油量和醇化程度比熟香要低一些甚至低很多。生结沉香，品质与熟栈香同。最差的是生结黄熟。

海南沉香到底有多好？丁谓讲了个故事。

越南中南部，栈香和沉香产量特别多，常贩运到广东番禺，或卖到阿拉伯。贵重的沉香、栈香与黄金一个价。有老者讲：最近几年有阿拉伯的商船，被台风延误，寄居在这里。首领为了炫富，整天大摆筵席，非常夸耀。当地人私下说，"他们很富有，我们不如。但他们烧的香料不够浓郁，干而轻，烟薄而有焦味，不是什么好香"。于是，拿出当地海岛北岸产的沉香，即席烧了，杳杳烟气飘向东方，烟云像沸水一样，环环相扣如凝结的漆，浓郁芬芳持久不散。这些阿拉伯人看了，再不敢臭显摆。

丁谓借助当地老者的话，将品香的要点总结出来，进而从香之生成、烟、气、味、持久力等方面确定了评香标准。他是对沉香进行专著评鉴的第一人，为以后的香学研究和品评奠定了基础。《天香传》一出，便确立了海南沉香甲天下的地位，使其名扬四海，成为

"天国之香"。整个宋代,人们都在惦记海南沉香。

丁谓在海南岛待了三年后,被移至雷州,再迁道州(今湖南永州),又迁至光州(今河南潢川),最终卒于光州。

巧的是,就在丁谓去世那一年,苏轼出生了。

苏轼六十一岁被贬海南岛。苏轼与胞弟苏辙感情很好。苏轼在海南的第二年,恰逢苏辙六十大寿。送什么寿礼给亲爱的弟弟呢?苏轼最终选择了一块沉香,并附上一篇《沉香山子赋》(因沉香形状像假山,又叫"沉香山子")。

前有丁谓基础普及,后有苏轼发扬光大,海南沉香在北宋上流社会广泛流传开了。以诗词为证:北宋晏几道《诉衷情·长因蕙草记罗裙》"长因蕙草记罗裙,绿腰沉水熏。阑干曲处人静,曾共倚黄昏",黄庭坚《丁巳宿宝石寺》"钟磬秋山静,炉香沉水寒",周邦彦《苏幕遮·燎沉香》"燎沉香,消溽暑。鸟雀呼晴,侵晓窥檐语。叶上初阳干宿雨、水面清圆,一一风荷举",跨北宋南宋的李清照《菩萨蛮·风柔日薄春犹早》"故乡何处是?忘了除非醉。沉水卧时烧,香消酒未消"。

南宋出了品香高手范成大。在其《桂海虞衡志·志香》中,他说:"大抵海南香气皆清淑,如莲花、梅英、鹅梨、蜜脾之类……翻之四面悉香,至煤烬,气亦不焦,此海南香之辨也……舶香(从海外用船运来的香)往往腥烈,不甚腥者,意味又短,带木性,尾烟必焦。"南宋焚香似乎更频繁。不管是下棋、观景还是接待来客,都要燃上一缕海南沉香。如陈起《留题天乐寓张氏湖亭》"沉水香销一局棋,客来浅酌旋分题。画栏占得春多少,帘卷东风日未西"。

而陆游更是海南沉香的极度痴迷者,看他的诗就知道了。《太平时》:"临罢兰亭无一事,自修琴。铜炉袅袅海南沉。洗尘襟。"《春日睡起》:"睡起悠然弄衲琴,铜猊半烬海南沉。"《开元寺小阁十四韵》:"室中绝人声,门前谢车轮,容我睡半日,两忘主与宾。

缓烧海南沉，细碾建溪春。"《夏日杂题》："午梦初回理旧琴，竹炉重炷海南沉。茅檐三日萧萧雨，又展芭蕉数尺阴。"《雨夜》："庭院萧条秋意深，铜炉一炷海南沉。幽人听尽芭蕉雨，独与青灯话此心。"

## （三）南宋香炉之美

### 1. 宋徽宗喜欢什么样的香炉？

宋徽宗赵佶共有三十八个儿子，赵构（即后来的宋高宗）是其第九子。赵构母亲韦氏出身卑微，曾在哲宗（宋徽宗兄长）朝宰相苏颂家里做过婢女。哲宗海选宫女分赐诸王，韦氏幸运入围，进了端王府，成了赵佶的侍女。后来虽然为赵佶生了儿子赵构，但一直无宠。靖康之变时赵构二十一岁，之所以没有被金人掳去，是因为金兵围困汴京，他被派遣前往金营议和。这么危险的事也只会落到不受宠爱的皇子头上。

但从赵构自身来看，自小想引起父亲关注的心是迫切的。怎么能在三十多个兄弟中脱颖而出呢？他对自己提出了更高的要求，即文武双全。他每天双臂平举两袋米，一袋米重一百多斤，"行数百步，人皆骇服"。估计连他自己也没想到，他日后竟是凭借杰出的武艺逃出金营的。

毕竟是宋徽宗的亲生儿子，他血液里流淌着父亲的风雅。就说抚琴吧，这是伴随了宋高宗一生的爱好。南宋政权稳定后，有一个琴师叫作黄震，琴艺高超，"思陵（即高宗）悦其音，命待诏御前，日给以黄金一两"。宋高宗非常喜欢他的琴声，让他随侍身边，每天听黄震抚琴之后，都赏赐其一两黄金。黄震也是个高人，他不肯教自己儿子弹琴。人问何故，黄震答道："几年几世，又遇这一个官家！"意为要几辈子才能遇到宋高宗这样的皇上，我能遇到是幸运，

# 南宋四雅

书画器物中的南宋生活美学

宋 宋徽宗画像 台北故宫博物院藏

但我儿子未必有我的幸运。

如果要给宋徽宗的《听琴图》配个题诗，非他儿子宋高宗这首莫属："高山流水意无穷，三尺云弦膝上桐。默默此时谁会得，坐凭江阁看飞鸿。"

默默此时谁会得？或许，抚琴者宋徽宗身边燃着一炉香，袅袅意趣，正是此情态。

抚琴时为何要焚香呢？从古至今，抚琴之人必在旁边放置香炉，因为香能舒缓身心、洗涤心灵，可让人迅速进入一种清除杂念、

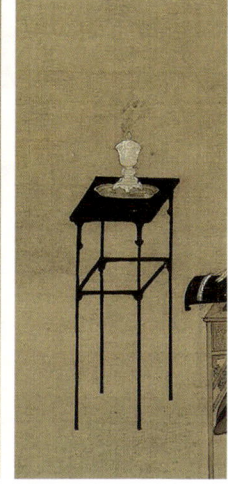

宋 宋徽宗《听琴图》 故宫博物院藏

凝神静气的状态，指下音随即清澈而悠远，抚琴者与倾听者都可在琴音和香气氤氲中体会奇妙的心境。

但看画仔细的朋友马上发现了：《听琴图》中的香炉有些特殊啊，不是我们熟悉的香炉的样子。是的，《听琴图》中抚琴人右侧有一黑色高几，上面摆放有香炉。哦不，应该叫香熏炉。宋代将有盖的叫香熏炉，无盖的叫香炉。

直觉告诉我们，宋徽宗中意的香熏炉，非同一般。

先来看香熏炉下面的承盘。宋画中香炉不少，但有承盘的不多见。从画面看，该承盘似乎为金质刻花，或者为银鎏金刻花。别小看这个承盘，承盘是用来浇注热水的，热气上升到炉内，浸润烟气，才会出现烟气缭绕的景象。这个原理模仿的是汉代博山炉的制式。

事实上，说到我国传统文化中的香炉，当首推西汉博山炉。

顾名思义，博山炉的形状像一座山。底座上凌空生出一凹台，上有盖，盖高圆而尖，镂空，呈山形。山上山谷、山尖褶皱重叠，其间雕有飞禽走兽。当炉腹内燃烧香料时，烟气从镂空的山形中散出。博山炉炉盖经过特殊设计。香烟出来时并非直接向上飘散，而是利用山势的层层交叠逐渐散去。时人大多将出烟孔开在曲折隐蔽之处，平视时不见其孔隙，熏烟之时烟会环绕在香炉盖的周围，形成仙气缭绕之势，给人以置身仙境的感觉。

西汉初期，统治者以黄老思想治国，崇尚道家的神仙之思。博山炉要体现的正是海上仙山的境界。

来看一件西汉中山靖王刘胜（汉武帝同父异母兄）的博山炉。此炉高26厘米，足径9.7厘米。炉身分为炉座、炉盘、炉盖三部分。炉座透雕成三龙出水状。炉盘上部和炉盖铸出高低起伏的山峦。炉盖上因山势镂孔，雕塑出生动的山间景色，神兽出没，虎豹奔走，小猴嬉戏，猎人巡猎山间。而且，通体用金丝和金片错出舒展的云气纹，更是加强了仙雾缭绕的气氛。

此炉汇合仙山、大海、神龙、异兽等多种元素，不仅反映出汉代人求仙和长生的信仰体系，也确实体现了大汉王朝"包举宇内，囊括四海"的胸怀与气度。

再来看一件西汉皇宫的博山炉。这件博山炉较为特殊，立式，放置在地上。长长的躯干制成竹节形状，通体鎏金，极具美感。此炉原在未央宫，建元五年（前136），汉武帝将其赏赐给姐姐阳信长公主。

北宋所用的香料，已与汉代大大不同。西汉汉武帝之前，普遍

西汉 错金铜博山炉 河北博物院藏
西汉 鎏金银竹节博山炉 陕西历史博物馆藏

使用的香料是植物，将薰香香草放置在香炉中直接点燃，所以烟气很大。这也是博山炉能成山岚之状、有仙雾缭绕效果的原因。汉武帝之后，龙脑香、苏合香等树脂类的香料传入我国，兴起了将香料制成香球或香饼，下置炭火，利用炭火徐徐燃香的品香方式。树脂类的香料燃烧时，香气浓郁，但烟气不大，博山炉最具优势的地方发挥不出来了。于是，各种小巧简洁的香炉应运而生。

但是，博山炉带来的意境，文人们怎可能忘记！黄庭坚《谢曹子方惠二物二首之博山炉》道："飞来海上峰，琢出华阴碧。炷香上袅袅，映我鼻端白。听公谈昨梦，沙暗雨矢石。今此非梦耶，烟寒已无迹。"南宋曾几《东轩小室即事》之五："有客过丈室，呼儿具炉薰。清谈以微馥，妙处渠应闻。"谈到尽兴时，不觉"沉水已成烬，博山尚停云"，等到客人告辞，自己仍陶醉在香味的余韵当中，"斯须客辞去，趺坐对余芬"。

崇尚道教的宋徽宗，更是舍不得那种仙气缭绕的意象。博山炉的出烟原理，北宋吕大临《考古图》中有记载："太子服用，则有博山香炉，象海中博山，下有盘贮汤，使润气蒸香，以象海之回环。"《听琴图》中"下盘贮汤"的瓷炉式样，继承自唐代的铜炉。后来的香炉，便很少见到这类承盘了，所以有人说北宋瓷熏炉是博山炉的美学余晖。

再来看《听琴图》上的香熏炉。承盘上的香熏炉，通体为白色，隐约有花纹。香炉可分为四段：第一段为如意足款基座，第二段为柱式的炉圈，第三段为深腹侈口高足杯形炉身，第四段为带钮镂花炉盖。

这款香炉的形制，在北宋李公麟（传）《维摩演教图》中有见，也有出土实例可参考：出土于安徽宿松北宋元祐二年（1087）吴正臣夫妇墓的绿釉狮子熏炉。显然，《听琴图》中的香炉并非绿釉。画中香炉颜料剥落严重，但从留存的情况来看，白斑点点，应该是北

唐 象首金刚五足铜炉 法门寺博物馆藏
五代十国 青瓷褐彩云纹熏炉 临安博物馆藏
宋 白釉兽足熏炉 河北博物院藏

宋 吉州窑绿釉狮子熏炉
安徽博物馆藏

宋的影青瓷。

影青瓷，又叫青白瓷，出自景德镇的湖田窑。由于瓷胎洁白，釉料在高温下流动时，釉薄处为白色，积釉处透青，看上去青中泛白、白中隐青，又因瓷胎极薄，刻画的花纹迎光而看，内外皆可映见，所以被称为"影青"，又叫映青、隐青、青白等。

影青瓷有一种少见的雕花工艺，所谓雕花是指使用刀具剔除花纹以外的一层坯泥，以使其纹饰凸起的装饰方法，类似于浮雕。因工艺繁难，产

宋 景德镇窑青白釉凸雕莲荷纹炉
四川宋瓷博物馆藏

品极少。1991年四川遂宁金鱼村宋代瓷器窖藏,出土了景德镇湖田窑青白釉凸雕莲荷纹瓷樽,其无论形状还是纹饰都像极了《听琴图》中香炉的上半部分。

正是在宋徽宗时期,湖田窑的影青瓷烧制技术成熟,器物品种大增,造型简静、古典优美。湖田窑从景德镇诸窑之中脱颖而出,被委以生产"贡瓷"。影青瓷的审美意趣,可以用"疏淡精匀"来形容,几近传统人文精神中"道"与"禅"的境界。北宋时期著名的吕氏家族墓,亦出土有多件湖田窑影青瓷,足见当时皇室和文人士大夫对"饶玉"的喜爱之情。

宋徽宗用这么既有美感又极具精神气质的香薰炉,可能性很大。而这类香薰炉的制作一直延续到了南宋。

**2. 宫中美人秋思多**

台北故宫博物院藏有一幅宋人的《拜月图》。

素月流天,高柳苍郁,华堂四敞,一盛装妇人在殿堂之中临案焚香,对月祈祷。图中,背景远山隐隐,殿台高低错落,前景岩石耸立,这些要素正是凤凰山南宋皇宫特有的地貌写照。围绕妇人的侍者们,拱手肃立,神情庄严静穆,由此观来,此妇人极有可能是宫中嫔妃。

南宋第四任皇帝宋宁宗的杨皇后,曾在马远画的宫扇上题写《仙坛秋月图》,内容与此画的意境颇为合拍。她写道:"宫中美人秋思多,夜揖明月追仙娥。昼阑桂树倚楼阙,碧落天坛飞珮珂。"

美人的秋思是什么呢?是祈求得到皇帝的垂爱?祈求生个皇子?其实,每一个宫中美人,身上都牵扯着朝廷的局势,君王的恩宠并非仅出于一己之情,而是情感、时局、权谋等博弈的结果。宫

宋 佚名《拜月图》 台北故宫博物院藏

中美人的秋思，往往要复杂得多。

就拿杨皇后来说吧，费尽心力当上皇后就成了吗？《仙坛秋月图》接下来写道"画师不解西风梦"，一个画师怎会明白宫廷斗争的曲折复杂？想当年宋宁宗的韩皇后病亡，她距离皇后之位仅一步之遥，当时的权臣是韩侂胄，韩侂胄要立性情温顺而更易于掌控的曹美人为皇后，于是她使出了"宫心计"，好不容易才登上皇后之位。

开禧三年（1207）杨皇后诛杀韩侂胄时，朝中另一个实力派干将史弥远是她的忠实合作者。史弥远成为新的权臣后，他们仍是政治同盟，台前台后互利互惠。直到嘉定十三年（1220），皇子赵询去世。新册立的皇子赵竑不满史弥远专权，声称一旦即位，将立即严惩史氏。于是，史弥远从绍兴找来了太祖十世孙赵与莒，一场阴谋开启。嘉定十七年（1224）闰八月初三，宋宁宗驾崩当夜，偷天换日的政变发生了，史弥远以迅雷不及掩耳之势，串通禁军，逼迫杨皇后矫诏，废赵竑，立赵与莒为皇子，即帝位，是为宋理宗。

这些实情一个画师怎会知晓？杨皇后接着写道："炎精季叶堪叹嗟，蚍尔妖丽倾其家。申生遗祸到济渎，鄞中丞相真奸邪。""炎精季叶"即秋天，是废立事件发生的时间。"堪叹嗟"，这是杨皇后有苦说不出的恨事。史弥远是明州鄞县（今浙江省宁波市鄞州区）人，所以说"鄞中丞相真奸邪"。

但此时的杨皇后，已失去了宋宁宗这个靠山，被废的养子赵竑降为济王，出居湖州，不久即被史弥远赐死。新登上皇位的赵与莒，对史弥远言听计从。"吴宫一扫荒烟冷，旧事凄凉复谁省？"如今的她，幽居深宫，也唯有对天祝祷了。"百年永鉴不可忘，留与人间看扇影！"她是想借助马远之画，将对史弥远的痛恨之情流传后世。

回到《拜月图》。此画一个吸人眼球的点是香炉。只见高高的红色香几之上，摆放着一个大香炉，炉内有香烟飘出。

这个香炉是仿古的鼎式炉。如今走进位于杭州玉皇山以南乌龟山西麓的南宋官窑博物馆,可见不少鼎式炉。

靖康之难时,赵构一行南渡仓皇,海山奔窜,南逃后建立的政权,一穷二白,每年大祭的祭祀礼器极其短缺。南宋朝廷因地制宜解决难题,青瓷脱颖而出。

由于南宋初期宫廷用瓷大规模增长,官方创建了官窑。官窑烧制的作品器型以仿制三代青铜器为主。原因来自两方面:一方面,作为朝廷之用,其担负国家祭祀和庆典的功能。古代王室在进行祭祀、丧葬、朝聘、征伐和婚冠等活动时,礼仪所使用的器皿叫礼器,一般指青铜器中的鼎、壶、尊、觚、簋、豆和钟等。因宫廷青铜礼器在北宋亡国时均已被金人掳去,南宋朝廷不得不以青瓷来仿制。另一方面,北宋复古风中,出现了对古物品的收藏和研究的热潮。时人试图通过"摩挲钟鼎,亲见周商",真正理解古人理念,重建伦理道德乃至统治秩序。所以说,青瓷仿青铜礼器始于北宋,兴盛于南宋。

南宋工匠们严格按《宣和博古图》等"朝廷制样需索"的标准款式来烧制仿古瓷,以示庄严和庄重。而质地的不同又使其摆脱了青铜器的凝重,以简洁柔和的曲线呈现出另一种优雅和端庄,釉色的温雅内敛,更成就其雍容气度。

就说鼎式炉吧。鼎,是青铜食器之一,也是最为重要的青铜礼器。

鼎的实用意义是盛放或烹煮食物,但其标志性意义在于代言政权。天子祭祀使用九鼎,诸侯为七鼎,大夫为五鼎,卿士为三鼎,平民无鼎。成语"问鼎中原""三足鼎立""拔山扛鼎""一言九鼎"中的"鼎",都代指政权。

鼎为何能代言政权呢?最朴素的理解是,你管辖的地方有多少人要吃饭。进一步引申为:你得负责所管辖地方内人的饭碗,要保

商 后母戊青铜方鼎　中国国家博物馆藏
西周 禹青铜鼎　中国国家博物馆藏

宋 官窑鼎式炉　杭州市文物考古研究所藏
宋 景德镇窑影青鼎式炉　杭州市文物考古研究所藏

证他们有饭吃。

鼎由腹、足、耳这三部分组成。大腹可以盛载食物，高足在架定后可以烧火加热，空耳则可以穿过长杠以便搬运。

鼎的象征意义如此重要，仿古瓷器中必不能少其身影。事实上，青瓷鼎式炉还是不少的。其主要造型特征为双立耳，圆鼓腹，高柱足。

南宋杨万里《烧香七言》道"琢瓷作鼎碧于水"。在南宋官窑博物馆，有形制严格按青铜鼎标准仿制的鼎式炉。而在民窑，鼎的式样无需一板一眼，窑工也会充分发挥想象力和创造力，在整体风格相似的基础上，对局部构造进行再设计、再创作，鼎式炉会活泼一些。如鼎式炉的三足式样就有柱足、曲腿形足、蹄足、管足等；鼎式炉立耳则有方形、半圆形、绳索绞耳等。

在宋画中，也时见鼎式炉。《拜月图》中的是大号鼎式炉，再来看个小号的。

南宋刘松年的《撵茶图》，描绘了三个人的小雅集。画面右侧三人，一僧伏案正兴笔挥毫，一士人相对而坐，似在观赏。另一士人坐在案旁，双手展卷，而眼神却也在僧人处。在书案上有砚、墨、小胆瓶，还有一个小小的长方形鼎式炉，炉内香烟袅袅。

**3. 宋代出镜率最高的香炉是哪款？**

南宋仿古香炉中，要说出镜率最高的，还得是鬲式炉。

鬲，为象形文字，是圆口、鼓腹、三足中空的器具，用来盛贮和蒸煮食物，是历史最为久远的器皿之一。

新石器时代晚期已出现陶鬲，商周时期陶鬲与青铜鬲并存。青铜鬲后也作祭礼器。

在各种流传下来或出土的宋代香炉中，鬲式炉始终是引人注目的经典款式。究其原因，有内外两个因素。

宋 刘松年《撵茶图》 台北故宫博物院藏

内在因素：鬲式炉有其深厚的历史文化积淀和家国情怀。《字说》中将鼎、鬲归为一类。鼎，取其鼎盛之义；鬲，意指日常食物的烹饪。所以鬲不像鼎那么庄重，而多了一分亲民和日常。《汉书·郊祀志》中说鬲器有三中空的器足，用以象征三德。三德，即知、仁、勇。而这三德，是宋代士大夫们自我要求、自我勉励的座右铭。

外在因素：鬲式炉折沿鼓腹，既方又圆，下承三足，在视觉上给人以稳定敦实的感觉。宋代倡导简约素雅的审美，青瓷釉色肥美如玉，施于鬲式炉，便使其成为最具宋代美学特征的香炉器型。

南宋青瓷鬲式炉，造型基本一致，均为敞口、折沿、束颈、扁鼓腹、三锥形足。但是大小差异很大，口径最大者30多厘米，最小者不足10厘米。从用途来看，区别如下。

口径超过15厘米的大鬲式炉，是礼佛、敬祖所用的祭祀炉，又叫承香炉。因为祭祀仪式时间较长，焚香的香灰较多，香炉的容量

新石器时代 陶鬲 中国国家博物馆藏　商 青铜鬲 中国国家博物馆藏

必须得大。

口径在 10 ~ 15 厘米的鬲式炉，双手一捧，是焚烧"印香"所用的香炉，即篆香炉。

口径在 10 厘米以下的鬲式炉，一手可握，如茶杯一般，是士大夫们品香所用的品香炉。扁腹则便于蓄灰取热。束口则能聚拢香气，以便吸闻。

宋画中有无鬲式炉的身影呢？有的。

马远的《春游赋诗图》中，在名士挥毫的书案上，可见一只鬲式炉。看对比，应是中等尺寸的篆香炉。

**4. 什么是"燕居焚香"？**

宋人闲居时有烧香的习惯，叫"燕居焚香"。苏轼《三月二十九日二首》其一曰："酒醒梦回春尽日，闭门隐几坐烧香。"陆游《初夏》："床有蒲团坐负墙，室无童子自烧香。"杨万里《二月十三日谒西庙早起》："起来洗面更焚香，粥罢东窗未肯光。"

家居时烧香，他们喜欢用什么香炉呢？经常用到的有"簋式

宋 云雷纹铜鬲炉 浙江省博物馆藏
宋 龙泉窑粉青釉鬲式炉 浙江省博物馆藏

宋 马远《春游赋诗图》 纳尔逊-阿特金斯艺术博物馆藏

炉"和"樽式炉"。

簋，是青铜器中具有标志性意义的一种。它是古人用于盛放黍稷等食物的容器。新石器晚期即有陶簋，商周时流行青铜簋。青铜簋也用作礼器，所谓"天子九鼎八簋"即是。

南宋官窑的青瓷簋式炉，按照《宣和博古图录》里的器物图仿制，炉身重心低矮，与双耳的搭配有严格规范，两耳作龙形或鱼形。

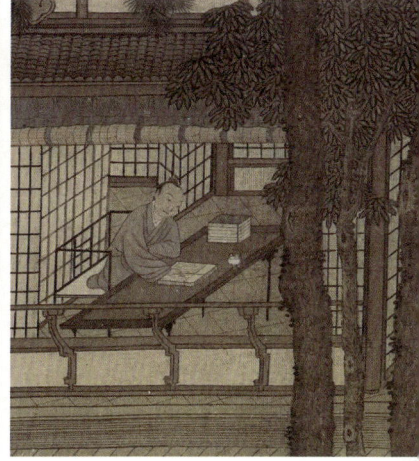

宋 刘松年《山馆读书图》 故宫博物院藏

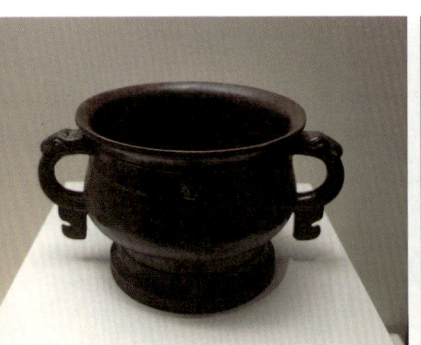

西周 小臣宅青铜簋 中国国家博物馆藏
西周 亚禽父戊簋 山西省考古研究院藏

印象最深的是南宋官窑博物馆里一簋式炉，硕大，胎骨较厚，通体施浓润青釉。形制朴厚凝重、肃穆大方，走到它跟前不觉端正了身子，好的古物就有这种力量。

民窑的簋式炉器型较小，有高、矮两种形式，整体曲线流畅度非常好。因簋式炉式样稳重大方，又有两耳方便拿放，在南宋较为流行，特别是深得士大夫们的钟爱。

在南宋马远的《竹涧焚香图》中，远山近水，硬石疏竹，一高士独坐在巨石之上，前面摆放一簋式炉，炉烟袅袅而上，高士仿佛正屏声静气享受着香芬和静谧的时光。画面体现的正是文人雅士闲

宋 官窑簋式炉 南宋官窑博物馆藏

宋 马远《竹涧焚香图》 故宫博物院藏

居独处时的焚香。

樽式炉，也是文人喜爱的一款香炉。

樽与尊，同为古代盛酒器具，但形状不同。青铜尊特指一种用于盛酒的侈口、圈足、长颈或肖鸟兽形的青铜礼器，宋代的仿古花瓶也有这种形制。而樽，是指出现于战国、盛行于汉代的一种日常实用的盛酒器，形状类盆或筒，多为三足或圈足。饮宴时，先将贮藏在瓮、壶中的酒倒在樽里，再用勺酌入耳杯奉客。

樽的材质以铜、漆为主，也有少量玉器。樽的式样虽简洁，但它往往用鎏金、错金银、浮雕

西汉 鎏金青铜樽 中国国家博物馆藏

等工艺装饰，显得非常富贵华丽。青瓷樽式炉，式样同样简洁，装饰却少，如意足弦纹是最为经典之式样，偶尔可见八卦纹。到南宋末期，出现贴花等装饰。

樽式炉又称"奁式炉"。"樽"一般用于盛酒和温酒，"奁"则用于梳妆和盛食，樽多为铜器，奁则多为漆器，两者虽为不同器物，但外形相似。所以宋人又以"奁"、"小奁"或"古奁"称樽。如陆游《斋中杂题》道"棐几砚涵鸲鹆眼，古奁香斫鹧鸪斑"，侯寘《菩萨蛮》道"小奁熏水沉"，周密《武林旧事》所列清河郡王张俊进奉高宗的十六件汝窑器中，有"大奁一，小奁一"等。

宋人"燕居焚香"，不仅仅在独自一人时，还包括友人雅集时。

宋人《十八学士图》之"听琴"中，小童正从琴套中取琴，抚琴者端坐于琴桌旁，一只小小簋式炉内，一炉香已点起，香烟袅袅而上。香一起，气氛就已出来，听琴者安静下来，各自陷入凝神状态。

南宋周密在《齐东野语》中说到一场牡丹会，主办者是张功甫。

张功甫是南宋名臣张俊的曾孙。张俊在南宋初期是抗金名将，但后来依附秦桧，被后人诟病。而张功甫的父亲张宗元为人正直，在朝廷斗争中站在岳飞一边。也许是看透了朝廷上武将生存之不易，张宗元在教子方式上，开始"重文抑武"。张功甫后来成为名噪一时的文官，琴棋书画样样精通。

杨万里在《约斋南湖集序》中记道：我早就听说张功甫所作诗词品格很高，心里暗暗倾慕，但我想他是个贵公子，不敢去结交。后来有一次我到西湖上去看陆游，正好张功甫也在。只见他双眼清澈深邃，体格清癯俊秀，坐在一草堂下，那样子泠泠然超然世外，一点都不像富贵世俗的公子哥儿。真感到相见恨晚哪！

宋　官窑青瓷弦纹樽　台北故宫博物院藏
宋　官窑樽式炉　南宋官窑博物馆藏

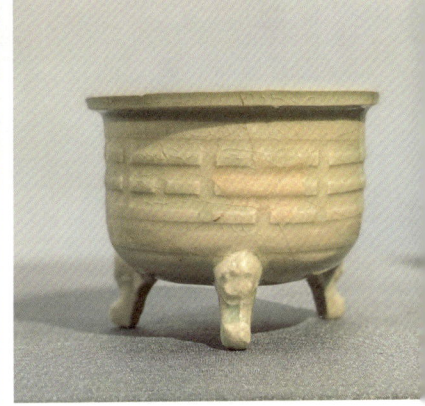

南宋　官窑樽式炉　南宋官窑博物馆藏
南宋　景德镇影青樽式炉　浙江省博物馆藏

　　张功甫身边几乎聚集了当时所有的文化名人，如陆游、杨万里、辛弃疾、姜夔、尤袤等等。如此品味的一个人，他的雅集有何不同？

　　客人们被引导到一间屋子，奇怪的是房间里空无一物，大家面

宋 佚名《十八学士图》(局部) 台北故宫博物院藏

面相觑。一会儿,张功甫出场了,他问左右侍从:香发了吗?答说已经发了。顿时,帘子卷起,异香一阵阵飘出,郁然满座。这时家伎们才端上酒水佳肴,表演开始。一曲终了,帘子垂下,复归寂静。良久,起帘,异香又喷薄而出,演出继续。如此十次。

可见,闻香优于闻乐,是南宋时不可或缺的待客之道。正如米芾在《西园雅集图卷》上的题记:"水石潺湲,风竹相吞,炉烟方袅,草木自馨,人间清旷之乐,不过于此。"

### 5.一个残破的鸭头凭什么成为国家一级文物?

宋词中常见"香鸭""鸭炉""金鸭""铜鸭""睡鸭"等,说的都是鸭熏,即鸭形的香炉。

鸭熏常出现在宋词中，说明它在日常生活中经常会使用到。北宋黄庭坚《清平乐·饮宴》道："醉里香飘睡鸭，更惊罗袜凌波。"南宋范成大《西楼秋晚》道："晴日满窗凫鹥散，巴童来按鸭炉灰。"

鸭熏不同于辟邪、狻猊等香炉，它少了皇家贵气和宗教庄严，多了亲近感和小情趣，因而代代相传。

鸭熏并非宋代的发明，实际上西周时期就有青铜雁尊。当初我在中国国家博物馆看到这件青铜雁尊时，哑然失笑，此雁真的像极了鸭子。而在西汉文物展区，大家围绕一盏灯指指点点，感叹太有趣了。我走过去一看，原来是一盏大灯，一只鸿雁回首衔鱼伫立。仔细看，雁体肥硕，其身两侧铸出羽翼，短尾上翘，双足并立。雁颈修长，回首衔一鱼。灯盘带柄，位于雁背。灯罩为两片弧形板，灯盘、灯罩皆可转动开合以调整风量和光照。

此灯的妙处除了外观生动有趣外，实质功能是环保。它能将烟气导入灯腹内，使室内减少灯所排之烟而保持清洁。在其构造上，雁颈与雁体，以子母口相接，鱼身及雁颈、雁体都是中空且相通的。当灯火在鱼身内点燃后，烟雾和废气便会上升至雁颈，并导入雁体之中。而各部分均可拆卸以便清洗。所以设计的精巧合理，达到了功能与形式的完美统一。

点灯与焚香具有相同之处。或许出于这个原因，就有了鸭形香炉。到了唐代，鸭熏已普遍使用，有唐诗为证。温庭筠《酒泉子》道："日映纱窗，金鸭小屏山碧。"和凝《何满子》道："却爱熏香小鸭，羡他长在屏帏。"李贺《兰香神女庙（三月中作）》道："深帏金鸭冷，奁镜幽凤尘。"李商隐《促漏》道："舞鸾镜匣收残黛，睡鸭香炉换夕熏。"

宋人的鸭熏一般以铜铸成，因而在诗中常称为"金鸭""铜鸭"。南宋周端臣《青铜香鸭诗》道："谁把工夫巧铸成，铜青依约绿毛轻。"李珣《定风波》："沉水香消金鸭冷，愁永，候虫声接杵

西周 青铜雁尊 中国国家博物馆藏
西汉 彩绘雁鱼青铜缸灯 中国国家博物馆藏

声长。"朱淑真《阿那曲》:"梦回酒醒春愁怯,宝鸭烟销香未歇。薄衾无奈五更寒,杜鹃叫落西楼月。"

青瓷鸭熏的造型变化不大,一般是在鸭的腹部做个母子扣,便于放入燃料即香料,腹与颈部相通,香烟从嘴部飘出。与鸭熏类似的有鹅熏、鸳鸯熏、凤熏、雁熏。鹅熏颈部长于鸭熏;鸳鸯熏在脑后与翅膀处的羽毛雕刻更细致,颈部略短于鸭熏;凤熏是将鸭头改为凤头;雁熏类同于鸳鸯熏,但头部不同。

青瓷鸭熏经常将鸭造型与莲花组合在一起。美国芝加哥美术馆藏的北宋景德镇湖田窑青白釉鸭熏通高18.8厘米,一只小鸭张嘴停在盛开的莲花之上,鸭形香炉内部是空膛,鸭座下面有莲花座,内膛相通。燃香在莲花座内,鸭座上设计了一个进气孔,与鸭嘴部位的开孔形成对流。香起时,烟缕就从鸭嘴中轻轻溢出。底下是如意花头足的承盘，用于盛放沸水。

在河南宝丰清凉寺汝窑遗址，曾出土一组鸳鸯熏。炉座是倒扣的莲叶，炉身是盛放的莲花。炉盖上有莲蓬，伏在莲蓬上的是一只鸳鸯。鸳鸯羽毛隐现，嘴巴微张，香烟由鸳鸯嘴缓缓而出。整组香炉色泽素青，娇艳明亮，造型端庄典雅。

如此精妙的汝窑香熏，宋高宗用过吗？

宋人将封闭式香炉称为"出香"。周密在《癸辛杂识·续集下》中谈及韩侂胄嫁女，"奁具中有白玉出香狮子，高二尺五寸，精妙无比"。

绍兴二十一年（1151）十月，宋高宗去清河郡王张俊家做客。种种吃喝排场后，张俊献上礼物，其中汝窑有酒瓶一对、洗一、香炉一、香合一、香球一、盏四只、盂子二、出香一对、大奁一、小奁一。

"出香一对"即为两只熏炉，只是不知此熏炉是鸳鸯还是狮子、狻猊。

河南宝丰清凉寺汝窑遗址出土的这组鸳鸯熏，2010年曾在南宋官窑博物馆展出，当时邓禾颖馆长带着我们参观宋代瓷器。经过这组香熏时，我未多看一眼就走过去，为啥？一只残破的小动物有何看头！邓馆长叫回我们，说，这组瓷器可珍贵了。首先，它是汝窑的，汝窑是瓷器烧制历史上的绝响，存世量极少；其次，它是个动物件，动物件在汝窑里更为稀少，哪怕是残破的都很稀罕；再者，它是件香熏，瓷质鸳鸯香熏，不要说汝窑，任何窑口产量都相当稀少。

当时我最大的感受是：逛博物馆，一定得有专家指点啊。

## 南宋四雅
书画器物中的南宋生活美学

宋 湖田窑青白釉鸭熏 芝加哥美术馆藏

宋 汝窑莲花鸳鸯熏 宝丰汝窑博物馆藏

所以后来我在南宋官窑博物馆看到这个鸭形器时，顿起好奇之心。这一件，鸭头、颈部和鸭身前半部分保存较为完好，圆润的鸭头，萌萌的，惹人爱怜。凸起的翅膀造型，一下子让鸭子活灵活现。但后面部分就得完全靠想象了。

这件虽是残品，高仅18厘米，却是官窑鸭形香熏，在已发现的南宋官窑瓷器中独一无二，为国家一级文物。

宋 官窑鸭形香熏 南宋官窑博物馆藏

官窑鸭熏，当初如何在皇宫里香氛氤氲，就更让人浮想联翩了。

南宋士大夫喜欢将鸭熏放在案头，陆游《衰疾》道："砚润闲蟾滴，香残冷鸭炉。"但从唐代和凝一句"却爱熏香小鸭，羡他长在屏帏"可知，它还可放在床屏与床帏之中。南宋时也同样，韩淲《浣溪沙·怨啼鹃》道："睡鸭炉温吟散后，双鸳屏掩酒醒前。"陈克《返魂梅次苏藉韵》道："老夫粥后惟耽睡，灰暖香浓百念消。不学朱门贵公子，鸭炉烟里逞风标。"

女子闺阁与鸭熏也有不解之缘，它寄托了佳人在帷帐之中无数个夜晚的哀怨情思。五代魏承班《满宫花》道："金鸭无香罗帐冷，羞更双鸾交颈。梦中几度见儿夫，不忍骂伊薄幸。"南宋初的刘子翚《春夜二首》其一道："烟销寒宝鸭，膏浅侧银釭。"金鸭无香帐中冷，无眠之夜，那一个人的孤独寂寞之情，难以忍受。

### 6.佛教鹊尾炉为何在宋代士大夫中流行?

鹊尾炉是一种长柄香炉,因长柄尾端形似鹊尾,得名"鹊尾炉"。

鹊尾炉与佛教有密切关系。佛教中有一种修持叫"行香",即手持香炉围着佛像绕行三圈、七圈或更多。香炉安柄,就是为了方便行香。

鹊尾炉多为青铜制造,也有银鎏金等。炉身呈杯状,炉座呈轮形或花瓣形,炉座与炉身底部通过短柱相连接,在炉身一侧连接着横向扁长形柄。柄的前端靠近炉身处多有椭圆形饰板。柄的尾部向下弯曲,呈鹊尾样,分叉与不分叉的都有。

宋代,鹊尾炉成为佛教通用的香炉,且很多时候,人们以鹊尾炉代指佛教。苏轼《寒食未明至湖上太守未来两县令先在》诗云:"映山黄帽螭头舫,夹道青烟鹊尾炉。老病逢春只思睡,独求僧榻寄须臾。"舒亶的《菩萨蛮》:"小亭露压风枝动,鹊炉火冷金瓶冻。"陈元晋诗《上留提刑寿》:"展开南极老人图,是处青烟鹊尾炉。秋露九原沦厚泽,春风一道泳康衢。"

鹊尾炉里有一种特别可爱的,叫"一把莲"。在南京大报恩寺遗址,出土了北宋大中祥符四年(1011)长干寺真身塔地宫的一柄香炉。炉身银鎏金,炉柄的前端设计出"一把莲",下覆的一枚大荷叶为炉座。一茎莲花弯向中间为炉身,炉身下方挑出一个莲花座,上有坐佛,身后一屏莲瓣式背光,背光上面錾刻缠枝卷草。莲花炉下有一对花苞,一个小碗一般的莲蓬。炉柄底座为一枚下覆的小荷叶,更以一个带盖莲蓬为镇。两个相互呼应的莲蓬,便是有着实用功能的香宝子。

为何一种佛教用具在宋代会广泛流行呢?

宋代是以士大夫为中坚力量的时代。由士大夫组成的精英团

焚香篇

唐 紫檀金钿柄香炉 日本正仓院藏

宋 赵光辅《番王礼佛图》（局部） 克利夫兰艺术博物馆藏
宋 金大受《十六罗汉图》（局部） 东京国立博物馆藏

体，自下而上构成了宋代的官僚体系。士大夫的精神境界，可以用北宋张载的格言来概括，即"为天地立心，为生民立命，为往圣继绝学，为万世开太平"。

可是，自王安石变法以来，士大夫们陷入了政争旋涡中，人人莫不惊骇。新旧两党的政治倾轧，势如水火。新党在台上，对旧党固然步步紧逼，而旧党一旦得势，对新党的围剿同样毫不手软。在同一政治集团中，也随时出现分裂，相互排斥。站对队伍成了对士大夫们的考验，党同伐异的政治气氛愈演愈烈，士大夫们的政治理想被无情践踏。变法衍化成意气之争，北宋前中期政治中的宽容异见传统荡然无存，北宋政局头也不回地走向了分裂。

这场党争，先是王安石在宋神宗支持下开始变法，势头摧枯拉

宋 银鎏金莲花宝子香炉　南京市博物总馆藏

朽，旧党被削官、流放。接着神宗去世，旧党在高太后的支持下，全面罢废新法，新党先后被逐出朝廷。再是高太后去世，宋哲宗亲政，新党重新上台，严酷打击旧党，将他们远谪岭南。哲宗去世，向太后再次起用旧党，废除变法新政。然后，向太后去世，宋徽宗亲政，恢复新政，旧党及其子孙"永不录用"。直到南宋建炎三年（1129），宋高宗下诏"申命元祐党人（旧党）子孙于州郡自陈，尽还当得恩数"，这桩公案才算告一段落。

党争卷入人数之多，持续时间之长，在历史上实属罕见。在这样的大背景下，士大夫们理想幻灭，畏祸及身，身不由己，纷扰不宁，难免产生厌倦世俗的心理，于是与僧人往来密切。

而在当时，很多僧人不但精通书画音律，而且在香道方面造诣颇高。

香能祛除种种异味和不净，使人身心和畅，因此"以香供佛"是佛教的重要礼仪。"以香供佛"还有另一层含义："香"是弟子把信心通达于佛的媒介，即所谓"香为佛使"。所以佛教从日常的诵经打坐，到盛大的浴佛法会、水陆法会、佛像开光、传戒、放生等等佛事活动，都少不了香。焚香上香是所有佛事中必需的内容。

香的芬芳远闻，能助人达到沉静、空净、灵动的境界，达于正定，因此佛经中也常以香来比喻修行者的持戒之德。如《戒德香经》中，佛陀告诉阿难，只有持戒之香才能不受顺风、逆风的影响，普熏十方。《坛经》中，也以香来比喻戒、定、慧、解脱、解脱知见，称为"五分法身香"。

香还被用来比喻念佛的功德，如《首楞严三昧经》中，以"香光庄严"来比喻念佛能庄严行者，就如同香气染人一般。

北宋中后期的秘演、道潜（参寥子）、清顺、仲殊、思聪、文清、文莹、惠洪等均与士大夫们诗词唱和、来往密切。士大夫随僧人焚香喝茶，打坐参禅，在禅境中排遣仕途的不得志及动辄被流放的苦难人生。苏轼《雨中过舒教授》道："浓茗洗积昏，妙香净浮虑。"《和黄鲁直烧香二首》其二道："万卷明窗小字，眼花只有斓斑。一炷烟消火冷，半生身老心闲。"

到了南宋，士大夫与僧人来往依旧密切，在刘松年的《撵茶图》中，三个人的小雅集，其中就有一位是僧人。

宋代士大夫通过焚香参禅卧游天理世界，摆脱现世的困顿，感受一面江景、一片残雪、一段羁旅，进入物我两忘的境界。随着焚香参禅在北宋士大夫中流传，鹊尾炉也时时亮相，比其他历史时期具有更高的出镜率。

### 7."香车"到底是什么车？

说起香囊，最有名的是唐代杨贵妃的香囊。

安史之乱，唐玄宗逃难途中，因"六军不发"而赐死杨贵妃。回来后，暗派中使备办棺椁将她重新下葬。启土时发现，从前所佩的香囊还在，中使将它献给玄宗，玄宗视之，百感交集，泪下不止，

宋 刘松年《撵茶图》(局部) 台北故宫博物院藏

便命画工图其形貌挂于别殿，朝夕往视，哽咽唏嘘。

唐玄宗在四川避难到底有多久呢？《新唐书》有明确记载：玄宗于天宝十五载（756）七月庚辰，次蜀郡以避安史之乱。至德二载（757）十二月，自蜀郡回京，居于兴庆宫。

也就是说，从赐死杨贵妃到重新安葬，有一年半时间。香囊由丝帛制成，比较容易腐烂，为何还在？

这个疑问在你走一趟中国国家博物馆后，便会释然。

在中国国家博物馆"古代中国"展区，有一件唐代的"鎏金银香囊"，直径4.8厘米，1963年出土于陕西省西安市东南郊沙坡村

121

窨藏。

杨贵妃随身带的香囊，应该就是图片呈现的这种，圆形的，也叫"熏球"。

它是银制的，镂空，香气可从镂空处徐徐飘出。而它的香气，竟来自点燃的香料。这个香囊，相当于一个迷你香炉，因而白居易有"拂胸轻粉絮，暖手小香囊"的形象描写。

这种香囊，中间放着点燃的香料，却可以放在被褥中，挂在帷帐上，还可以随身携带，既不用担心燃烧的香料漏出烫到人，又不用担心香灰洒出。其设计原理，近代才被欧美广泛应用于航空、航海领域。

里面到底有什么机关呢？香囊外壁用银制，呈圆球形，通体镂空以散发香气。球一剖为二，两个半球以子母扣套合。以中部水平线为界平均分割，上下球体之间，内设两层双轴相连的同心圆机环，内环内是一个半圆形的放香料的盂，外环、内环、盂之间以铆钉连接，可自由转动，无论外壁球体怎样转动，盂因重力之故总能保持

唐 鎏金银香囊及其手绘分解图　中国国家博物馆藏

平衡，使里面的香料不致洒出。

不愧是香囊的高级版本。

宋代香事很盛，自然不会埋没唐代遗珍。南宋陆游《老学庵笔记》卷一记道："京师承平时，宋室戚里岁时入禁中，妇女上犊车，皆用二小鬟持香球在旁，而袖中又自持两小香球。车驰过，香烟如云，数里不绝，尘土皆香。"

北宋晏殊《寓意》"油壁香车不再逢，峡云无迹任西东"，南北宋之际的李清照《永遇乐·元宵》"来相召，香车宝马，谢他酒朋诗侣"，南宋辛弃疾《青玉案·元夕》"宝马雕车香满路"，诗词中的"香车"，指的就是悬挂了香囊的马车。

香球可悬挂在车上，亦可手拿或放入袖中，或佩带在身上。吴文英《天香·熏衣香》中道"珠络玲珑，罗囊闲斗"，让人有很大的联想空间。那是怎样一个场景呢？

台北故宫博物院藏有一幅宋画，苏焯（苏汉臣之子）的《端阳戏婴》，描绘的是三个娃娃在端午时节嬉戏玩耍的情景。穿红色肚兜的小孩右手拎着一只蟾蜍，一脸得意地要去吓小伙伴。被吓的小孩蹲在地上，双手护着头瑟瑟发抖。边上另一个穿绿色肚兜的"小勇士"一个箭步赶来，要阻止这场恶作剧。这位小勇士的后背上，正佩着一个珠络玲珑的香囊。

孩子和妇人可以将球形香囊叮叮当当地挂在身上，士大夫们却另有办法享受球形香炉，他们管其叫"香球"。

这种瓷质香球，失去了金银器香球那种随意翻转而不漏香灰炭火的功能，不能随身佩带，却有另一番审美情趣。北宋刘敞《戏作青瓷香球歌》道："蓝田仙人采寒玉，蓝光照人莹如烛。蟾肪淬刀昆吾石，信手镂花何委曲。蒙蒙夜气清且娱，玉缕喷香如紫雾。天明人起朝云飞，仿佛疑成此中去。"

在浙江黄岩灵石寺塔，曾出土一个北宋越窑青釉镂空香炉。熏

**南宋四雅**
书画器物中的南宋生活美学

宋 苏焯《端阳戏婴》 台北故宫博物院藏

五代 青瓷香球 黄岩区博物馆藏
宋 缠枝牡丹纹青白釉香球 长兴太湖博物馆藏

炉的盖子饰有三瓣卷叶缠枝花纹，釉质晶莹润泽，炉盖内还保留着烟熏的痕迹，炉内壁也留有墨书文："当寺僧绍光舍入塔买舍咸平元年戊戌十一月廿四日"，"童行奉询弟子姜彦从同舍利永充供养"。

球形的香炉在青白釉中发现的相对较多，陕西蓝田北宋吕氏家族墓中出土的青白釉炉就是典型代表。长兴太湖博物馆亦藏有一件。

## （四）令人遐想的焚香方式

**1.什么是真正的"红袖添香"？**

红袖添香，是个让人颇起情思的词，代表一种精致的生活情趣，深受文人们的喜爱。

具体到"添香"这个动作，是否指抽出一根线香往香插里一放，点燃即可呢？

非也。哪有这么简单。要真这么简单，"红袖添香"这个词也少了味道，变得寡淡了。线香要到元代才出现。线香出现后，焚香才是我们现在概念里的事。由此用香非常便捷，一个小小的香插即能解决问题。

还是以宋画来说明问题吧。

在台北故宫博物院藏的宋人《果老仙踪图》中，石壁悬生蟠桃一树，垂实累累。树下张果老皓首庞眉，褒衣博带，拄杖坐盘陀石。旁有仙女二人，一添香宝鼎，一执如意侍立。来看添香仙女，她正从一香盒中取出香丸，欲投入鼎式炉中。

这香丸，才是"红袖添香"的香。

香丸不是某一种香，而是合香。

合香，或叫和香，是指将不同的香料以一定的比例组合在一起，经炮制、混合所制成的香品。

西汉南越王墓中共出土铜熏炉十一件，其中有一件是四穴连体

宋 佚名《果老仙踪图》 台北故宫博物院藏

熏炉，由四个小方炉合铸而成，炉腹和顶盖均镂孔透气，可同时焚烧四种香料，香味混合。这也许是"合香"的雏形。

为何要合香呢？每种香料有各自的特性，阴阳燥湿利害贵贱各不相同，需要搭配使用以趋利避害。南朝范晔《和香方》自序云："麝本多忌，过分必害。沉实易和，盈斤无伤。零藿虚燥，詹唐黏湿。甘松、苏合、安息、郁金、奈多、和罗之属，并被珍于外国，无取于中土。又枣膏昏钝，甲煎浅俗，非唯无助于馨烈，乃当弥增于尤疾也。"这部书中首次提出了"和香"的名称。

几百年后，南宋曾慥写了《香谱》及《香后谱》，他对香方的配伍颇有研究，首次以中医药方的"君臣佐使"和"七情合和"原则，提出合香时各种香料的配比原则。

进而，南宋后期写《陈氏香谱》的陈敬，将合香的因由做了进一步的阐述："合香之法，贵于使众香咸为一体。麝滋而散，挠之使匀；沉实而腴，碎之使和；檀坚而燥，揉之使腻。比其性，等其物，而高下如医者，则药使气味，各不相掩。"

合香是调香者对香味的艺术创作，一款好的合香需要反复地调整，才能获得所需的特定香气香韵。

合香所使用的原料，大致有三类：

一是构成主体香韵的香料，如沉香、檀香、降真香等。

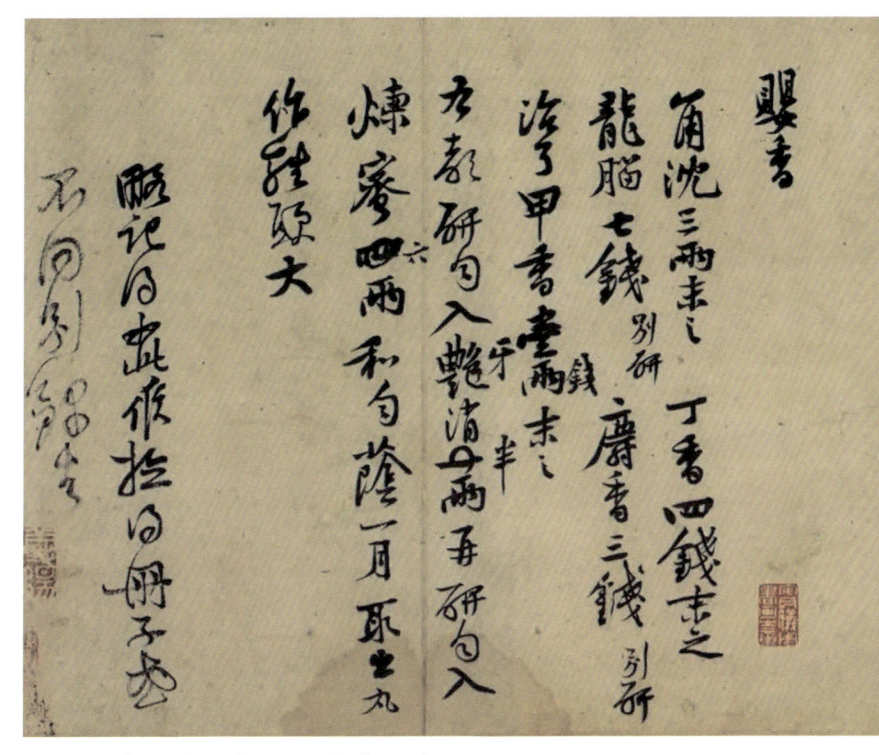

宋 黄庭坚《制婴香方帖》 台北故宫博物院藏

二是用作调和与修饰的香料，如甘松、丁香、藿香、零陵香等。

三是用作发香和聚香的香料，如龙涎香、麝香、甲香、龙脑等。所谓发香，即令各种香料成分均挥发出来。聚香，便是使香气尽可能留长。

合香，并不像抓中药那么简单，将各种药材配伍完成就行了。一般来说，要分以下几步。

第一步：收集香材。按照"君臣佐使"和"七情合和"原则，并根据个人的品味，取所要用到的香材。

香材不仅影响气味，还影响到焚香时间及出烟情况。比如：龙脑能降烟，海南降真香能聚烟，龙涎香既能聚烟又能延长焚香时间。草叶花瓣类香料烟气会大一点，木本香里油脂含量高的香料烟气就能小一点。合香香料用得不同，烟的颜色也会不同，有的褐色，有的灰白，有的灰中泛青等。

第二步：捣香。即香材研磨，这非常考验耐心。在《香乘》中，经常见到"入臼杵百余""入臼杵千下""再捣万杵"之说。放到现在能不能直接用电动打粉机打呢？不可以，因为热处理会损耗香材的部分香气，得不偿失。

捣香的作用是什么呢？使众香咸于一体。

但香材一定要捣得恰到好处。太细则香一下子就烧没了，太粗又气不和。若是水麝（麝的一种）、龙脑香之类，必须用专门的器具来研磨。

第三步：炼蜜。研磨后的香材，要用炼过的蜜来做黏合剂。

炼蜜是对未经加工的生蜜进行炮制淬炼。其实，蜜的作用远远不只是黏合剂，它本身有香气，又能将各种独立且不同的香气交融在一起，从而形成一个整体。

未经加工的生蜜含有大量的水汽和杂质，炼蜜能使蜂蜜"出尽水汽，经年不变。"《本草经集注》云："凡蜜，皆先火上煎，掠去其沫，令色微黄，则丸经久不坏。"

炼蜜的难度在于火候的掌控。所炼时间不够，水汽不曾出尽，香品在保存过程中便会发霉长毛。但若炼过了，则有焦气，破坏整体香韵。要炼到浓缩成小珠状且滴水不散的程度，但也不可太过，过于浓稠，和香则不匀。

炼好的蜜，需晾凉方可使用。一是因为合香中的龙脑、麝香、沉香等香料，会因高温损耗香气；二是热蜜倒入香末，会使整个香团变成"面疙瘩"，这个做过面食的人都有体会。

第四步：揉香。捣炼好的香泥，需得手工搓揉。要反复揉捏，直至香泥无裂痕、不粘手为止。然后，捏制成自己喜欢的造型，或香丸、香饼，或脱模具为微小的花形、叶形、如意形等。

但是，要留意每种合香的特性，有的适合做香丸，有的适合做香饼，大小厚薄也有讲究。如香丸，"丸如芡子大""丸如梧桐子大""丸如大豆"指合香蜜丸的大小如芡实、梧桐子、大豆。颗粒不能太大，是为了熏香时能被炭火熏透，发香更彻底。

第五步：窨香。第一次接触到"窨香"这个词，是在梁慧那儿。她用做珠子剩下的棋楠屑，在隆冬时节定制了一批线香。我欲取时，她说不行，还得窨藏，要待到来年梅雨天才能拿出来用。终于等到梅雨天，一炷点燃，但见香烟袅袅，香氛清幽甘凉，穿透力十足，十分受用。

香品制好后，各种原料还未充分融合，有燥气，香韵出不来。因此要放入干净的瓷瓶中，密封保存于阴凉、干燥、避光处，根据合香配方不同"窨月余""贮磁器，地窨一月""磁器封，窨二十日""磁盒封窨一月许""入新磁罐内，封窨十日"等。

对此，北宋沈立在《香谱》中做了详细解释："香非一体，湿者易和，燥者难调；轻软者燃速，重实者化迟。火炼结之，则走泄其气，故必用净器拭干贮窨，令密掘地藏之，则香性相入，不复离群。新和香必须入窨，贵其燥湿得宜也。每约香多少，贮以不津磁器，蜡纸密封。于净室中掘地窨三五尺，瘗月余，逐旋取出，其香尤旖旎也。"

至此，香做好了。而问题也来了：现在的线香，焚香时点燃即可，非常方便。宋时没有线香，这些香丸、香饼怎么使用呢？

四个字：隔火熏香。

隔火熏香是合香唯一的使用方法。

"隔火"，即用一张隔火片将香丸、香饼与炭火隔离开来，避免

宋 李嵩《听阮图》 台北故宫博物院藏

香品直接接触炭火。隔火片需导热性好、美观实用。常用材质有陶、云母、玉、银、石、瓷、铜等。《香乘》中提到"玉钱""银叶""玉片"，很是奢华。南宋胡仔《春寒》诗写道："小院春寒闭寂寥，杏花枝上雨潇潇。午窗归梦无人唤，银叶龙涎香渐消。"

虽然隔火熏香不如直接烧香来得直接，但这种"只闻香气不见烟"的品香方式，却能使香品的香气释放得更加舒缓，香味更加醇和宜人，有种悠然自得的境界，颇有"红袖添香伴读书"的情趣。这是两宋时期最为流行的高雅细致的品香方式。

隔火焚香操作如下：准备好木炭，木炭要烧到通红，没有明火，也不冒烟。香炉里要均匀松散地装上香灰，并在香灰中心挖出一个较深的孔洞。往孔洞里放入烧红的木炭，如果木炭旺则洞要挖得深一些，不旺就浅一些。放好后将香灰拢成"火山"状。再在香灰中戳些孔眼，以便炭块能够接触到氧气，不至于因缺氧而熄灭。

埋好香炭后，火力大小还需得用手去试。唐代和凝《山花子》道："几度试香纤手暖，一回尝酒绛唇光。佯弄红丝绳拂子，打檀郎。"其《宫词》道："寝殿垂帘悄无事，试香闲立御炉前。"

隔火熏香示意图

在火山尖尖上放上隔火片，再在隔火片上放香丸或香饼。借着香灰下炭块的微火烤焙，慢慢使香气散发出来。

香丸或香饼，搁在隔火片上，经过一段时间的烘烤，香味也会散尽，"微觉有焦，遂令撤下"。这时候，就需要"红袖添香"了。

和凝的另一首《宫词》写到这个情景："金盆初晓洗纤纤，银鸭香焦特地添。出户忽看春雪下，六宫齐卷水晶帘。"经过一夜的烘烤，鸭形银香炉中的香已经烤焦了。于是，小宫女一大早就忙着洗净手，为炉中添加新香。添加新香不仅仅是放入一颗香丸，还得先烧红了炭火，先换炭，再笼灰，最后换香丸。忙完这些事，小宫女才可以歇一口气，有空闲走出殿门，暮地发现一场春雪已经无声地降临，远远近近，宫中各处纷纷高卷起玻璃珠串成的"水晶帘"。

注意到了吗？"合香"其实是个大概念。不仅仅指按香方做出来的香品。焚香时，搭配上周围的人、树、花，所处的季节、天气、时辰，自己的年龄、心情、身体状况等，才能让人真正闻到完整的"合香"。

所以说，不同时间和场景闻到同一款香，感受是有差异的。

### 2.荡气回肠之篆香

历史上对南宋的评价往往有"文弱"两字，其实不尽然。宋室在战乱中南渡，"打"是高于一切的生活重心。前方有岳飞等名将带领部队冲锋陷阵，后方民众均奋起习武，一时武风炽盛。当时杭州的练武社团有角抵社、锦标社、射水弩社、川弩射弓社、英略社、马社等，城郊还有巡社（农家子弟组成）、弓箭手（居民组成）、良家子（北方流杭子弟组成）等二十余个练武团体，他们"执弓荷锄，仗剑巡步"，边劳动，边练武，随时能应召杀敌，相当于现代的"民兵"。

在南高峰的护国寺露台，曾举办"露台争交"赛。由"诸道州郡膂力高强，天下无对者"参加，全国武林高手汇集于此比武较技，这是我国历史上有记载的最早的武术擂台赛。高手比武，盛况空前。

有人要问：你说的这些景象，似乎与"焚香"不搭吧？

且慢，先来看一首《香篆》："轻覆雕盘一击开，星星微火自徘徊。还同物理人间事，历尽崎岖心始灰。"

这首诗是谁写的呢？华岳。华岳是南宋宋宁宗时期的武科状元，一位力主抗金的志士，他的政论文章亦能纵横捭阖，颇具识见，后来因弹劾权贵被杖毙于市。

这样一位壮士，竟也专注于香篆，且有小诗传世，说明在南宋时焚香实属生活日常。我在一个微雨的黄昏读到这首诗，结合诗人一腔武艺却不得不接受北伐失败的事实，屡屡奋起却又不得不趴下的境遇，只觉短短四句诗越读越有味道，以至于失语出神。

前面我们说到，合香经收集香材、捣香、炼蜜、揉香后，就成了一坨香泥，这时要根据香材的不同做成香丸或香饼。但除了香丸和香饼，还有一种更为风雅的方式叫"香篆"，或叫香印、百刻香。

香篆出现在隋唐，最早是寺庙诵经时用来计时的一种香。这种计时方式现在仍有沿用，如"一炷香的工夫"，即指燃尽一炷香所需的时间。

后来文人参与到香篆模具的设计，篆香成了一种富含雅趣的玩法，于唐宋时期广泛流行。

南宋时的篆香怎么玩呢？篆香先要有篆模。模具以木质为主，当然也有用象牙等名贵材质，镂空雕刻出图案，图案有文字、花鸟果实等，如"福、禄、寿、喜"字，以及梅花、莲花、祥云、八卦图案、佛教的六字真言等，多是吉祥、祈福的寓意。这里的关键点是图案必须是连笔的，即一条线从头贯穿至尾，中间不能断开。

华岳诗中"轻覆雕盘一击开"是什么意思呢？将搓揉好的香泥，填入固定的篆模当中，压制成图案或文字，再把模板翻过来，干脆利索击打篆模,使成形的香泥瞬间从模具中脱落。这个动作看似简单,实则非常考验功夫,一不小心就断开了或打碎了。因此"打香篆"在宋代是一种专门技艺,击打时要求手法干净利落,用力精准,位置适当,还要能明辨各种香泥成形后的细微差异,以便调节手劲。

  这与现在的"篆香"玩法是不同的。宋代是从香模里打出来一个香印,香印如同香丸或香饼,是固体的,可以轻拿轻放,当然手重则容易掰断。但现在的篆香是香粉,拿不起来。香粉如何打篆呢?在浅浅的篆香盒里,先铺香灰作底,压平整,不可压得太实。然后将香篆模轻轻地平放在铺好的炉灰上,用香匙将香粉填在模子

篆香印:吉祥如意(上左)、万寿(上右)、吉祥如意(下)

上。填满后轻轻向上提起模子。如此就可见呈阳文凸起的香篆，曲折绵延堆在香灰上。

制作香印时，还有个细节。还记得香篆最初的功能吗？计时。一天十二个时辰，在香模上刻上刻度，焚烧时看一下焚过的香篆便知已过了几个时辰。所以"香篆"又叫"百刻香"。宋洪刍《香谱》中这样描述："近世尚奇者作香篆，其文准十二辰，分一百刻，凡然一昼夜已。"香篆因此又得名"无声漏"。依我看，叫"香漏"更合适。

好了，终于可以点香了。这就到了华岳诗中的第二句"星星微火自徘徊"。香篆一经点燃，一火如豆，沿着图案徐徐燃烧，忽明忽暗，字图易色，直到烧尽。即便烧尽，残留的香灰仍是一幅精美的图案。

香篆有趣在哪里呢？其回环曲折的造型、明灭变换的微火、缥缈清灵的香气别具一番情味。"愁肠恰似沉香篆，千回万转萦还断"，文人之趣、文人之思在小小香篆里得到了充分的显现。

只要你静静观赏过香篆，就会明白华岳诗中的第三、四句："还同物理人间事，历尽崎岖心始灰。"是的，香烟袅袅，或细烟高直，或回旋盘桓，忽如怒涛澎湃，忽如静海无波。星星微火，或一路顺畅，或曲折徘徊，一时前路宽敞，一时山穷水尽，这情景，这滋味，又何尝不是时势，又何尝不是人生。

"历尽崎岖心始灰"，以香篆入诗，在南宋大有人在，而将人生哲理讲得如此透彻的，竟然是一个武状元。

### 3. 为何说"炉瓶三事"能辅助判断宋画的真假？

懂行的人一看在这里说"炉瓶三事"，心里或起疑，或不屑。

确实，宋代还没有"炉瓶三事"一说。

"炉瓶三事"是指焚香用具——一个香炉、一个香盒、一个香瓶，瓶中插香箸、香铲、灰押等行香用具。这些要素，在宋代已经形成，但作为固定组合，大约在元代才出现。到了明清，成为定例。

"炉瓶三事"被经常引用的出处有二。一是《红楼梦》第五十三回写道："这边贾母花厅之上共摆了十来席，每一席傍边设一几，几上设炉瓶三事，焚着御赐百合宫香。"二是清代陈端生《再生缘》第一卷第七十四回"娶新人翁姑心乐"中道："炉瓶三事茶几摆，汉铜宝鼎设中间。金银酒器调羹碟，茶杯象箸玉杯盘。上边俱用红绳系，彩袱遮盘颜色鲜。"

我们不妨从宋画中来了解一下宋代香炉的"伴侣"有哪几样。

香案上只有"炉、盒"二事，并无香瓶。

香炉与香盒一起摆放在香几、书案上的情形，在宋画中是常态。如南宋刘松年《秋窗读书图》中，书案上摆放着香炉与一个精巧的香盒，没有盛放焚香工具的瓶；宋人《水亭琴兴轴》中，一文士坐于水榭中观赏风景，其前置一香几，香几上也只有香炉、香盒。

当然，并不是说宋人的香具只有香炉、香盒两样。宋人对于焚香一事非常讲究，有多样香具，比如下面这几种。

香瓶：当时也叫香壶。或用鎏金的，或用陶瓷的。

香箸：用香讲究的人家，和香、取香丸都不是直接用手，而是用箸。

香铲：当时也叫香匙。头部圆形者用于平灰、置火，头部尖锐者用于分香、抄末。

香盘：香盘要用有一定深度的，以便煮沸的热气升腾，放上香炉后，香气趁着热气容易附着在衣物上。

香罂：窨香用的罐子，肚腹要大，收口要小。

再来说件趣事。在追究宋画中香炉"伴侣"的过程中，竟有额外收获。来看这一幅宋代陈居中的《王建宫词图》，描绘的是唐代诗人王建《宫词》诗的场景："宫人早起笑相呼，不识阶前扫地夫。

宋 刘松年《秋窗读书图》 故宫博物院藏

乞与金钱争借问，外头还似此间无？"画中深宫内宫娥群聚，争相给扫地夫钱，询问外面世界的情况。整幅画勾勒了宫人在幽闭的环境中对外界的好奇与向往。

画中，在一大群宫娥后面，屋内的红色香几上，明明白白地摆放了"炉瓶三事"。这一细节，为这幅画的定代打上了问号。到底是宋画，还是明清仿的宋画，有待专家们进一步研究。

既然追寻了宋画，那就接着再追元画。元画中的香炉"伴侣"又是什么？出现香瓶了吗？

元人绘制的《听琴图》中，一童子手捧着香盒立在香几前，左手捏一颗香丸放入香炉中。香炉边有两个小瓶，一个应该是用来插花的花瓶，另一个小瓶内插着的正是焚香器具。

在另一幅元画《冬室画禅图》中，桌上摆置香炉、香瓶，香瓶内插着香箸、香匙。可见，元代时，香瓶已开始使用。

元人将香箸、香匙放入小瓶中的做法，应该是受宋人食具摆设的影响。元人孔齐《至正直记》中记载："宋季大族设席，几案间必

宋 陈居中《王建宫词图》 台北故宫博物院藏

元 佚名《听琴图》 台北故宫博物院藏

元 《冬室画禅图》及其局部　台北故宫博物院藏

用箸瓶、查斗，或银或漆木为之，以箸置瓶中。"

浙江东阳市博物馆藏有一件"银鎏金云龙纹箸瓶"，正与记载相吻合。

到了明代，香炉、香盒、香瓶的组合已经固定，"炉瓶三事"成为明人居家生活中不可或缺的陈设品。明人《千秋绝艳》中，"莺莺烧夜香"上的题咏说得非常明白："梨花寂寂斗婵娟，月照西厢人未眠。自爱焚香销永夜，欲将心事诉苍天。"画面上，崔莺莺立在一座高香几前，几上放着焚香必备的"炉瓶三事"中的两件——香炉和香瓶。香盒哪里去了呢？在崔莺莺的手中。只见莺莺右手捧个小香盒，左手用拇指和食指拈着点什么，在向香炉中添放。

明清两代，无论是演义小说、戏曲弹词，还是文人诗词、丹青

宋 银鎏金云龙纹箸瓶　东阳市博物馆藏

画作,但凡涉及茶事,必定少不了"炉瓶三事"。在博物馆中,明清"炉瓶三事"也时有见到。

对于我来说,印象最深的"炉瓶三事"是故宫博物院一套青玉

焚香篇

清 青玉嵌红宝石"炉瓶三事" 故宫博物院藏

嵌红宝石的。当时被吸引住，迈不开步子了。该组"炉瓶三事"中，玉炉仿古代青铜簋，炉的口沿下、圈足上、龙耳两侧、盖近边缘处和盖钮上均镶嵌红宝石一周。玉瓶为扁平式，口、足均为椭圆形，腹部镶嵌红宝石两周。玉盒呈扁圆形，圆形口、足，中间嵌纽形红宝石一粒，每个莲瓣上嵌水滴形红宝石一颗。盒盖边沿及盒底沿均嵌红宝石一周。三件一组尽显华丽与富贵。

# 点茶篇

南·宋·四·雅
书画器物中的南宋生活美学

饮茶之风起于唐代僧人,取其提神以助打坐参禅。自唐至宋,饮茶已成全民风尚。王安石曾说:"茶之为民用,等于米盐,不可一日以无。"

宋代茶事,采择之精,制作之工,品第之胜,烹点之妙,莫不盛造其极。借助茶的制作与烹饮,宋人进入了更深层次的精神体验,他们以茶观照自心,观照人生,开拓了品茶的意境,完成了品茶时由物质享受到精神升华的过程。

## (一)宋徽宗的茶会有何亮点?

### 1. 茶汤御政道

先来了解一个词:茶汤御政道。

一听就是个日本词。确实,这是织田信长(1534—1582)的御政之道。明世宗嘉靖年间,正是日本连年战乱、诸侯割据之际,织田信长从地方起兵,逐渐壮大。在这个过程中,他曾表示:"金银、米、钱已经不缺,接下来的目标是唐物①,网罗天下之名物。"在他的带领下,日本掀起了一场"名物狩猎"(即搜罗、收藏奇珍异宝)

---

① 唐物:古代日本人对来自中国的器物的雅称,包含唐至明的器物。

运动。"名物"中，又以茶道具为主。

织田信长特别热爱茶道具吗？非也。当时大小霸主均奉行"掌握天下之大权者，必拥有天下之名物"这一思想，名物不仅有巨大的经济价值，更是财富、权力和知识的象征。珍贵的茶道具成为增加政治威信的砝码。献上一件名物意味着臣服；下赐一件名物则意味着权力的下放与信任，是笼络人心、赐予荣誉的手段。

如何展示自己已有的茶道具呢？当然是开茶会。因此茶会是一种权势宣言，也是一种政治手段。不是谁都可以开茶会的，开茶会是一种特权。对于家臣们来说，获准开办茶会，是"自己已成为重臣"的一个证明。

天正九年（1581）鸟取城战役胜利后，织田信长赐十二种茶器给丰臣秀吉，并允许他举办茶会。丰臣秀吉涕泗滂沱地写感谢信道："这是今世乃至来生也难以忘怀的幸事。不论昼夜，每每想起都让人感动得泪流满面。"而同是织田信长重臣的泷川一益非常不甘。当奉命去讨伐武田信玄时，他非常兴奋，志在必得，暗忖要以此次功劳赢得开茶会的机会。泷川得胜而归，但令他没想到的是，他依旧没能得到开茶会的恩准，织田信长只是赏给他新的领地，给予他关东管领的职务。泷川悲从中来，在信中写道："主公此次派我去讨伐武田，我乃抱着私欲而去，但结果被搁置到偏远之地，开茶会恐是没希望了。"要知道泷川得到的领地是上野一国和信浓的两个郡，而且"关东管领"是非常高的职位，这两项都是很高的荣誉，而泷川却失望至此，从中能看出织田信长通过茶道具来支配重臣的厉害之处。

**2. 皇家"曲宴"的光华**

时光倒流四百多年，回到宋代。宣和二年（1120）十二月三十日，年尾，宋徽宗在皇宫中的延福宫设曲宴，亲自点茶赐饮群臣。

所谓"曲宴",即"私宴",在宋代是指帝王赐予侍从、宗室或者外使以休闲娱乐为主的宴饮活动。

关于这场盛事,蔡京记有《延福宫曲宴记》,其中有这样的段落:"上命近侍取茶具,亲手注汤击拂。少顷,白乳浮盏面,如疏星澹月。"皇上亲自为在座诸位点茶,这恩宠,岂是赏赐几件宝物能比?这里面有"皇上已将我当作心腹"的心理暗示。那么,在座的有哪几位呢?特邀嘉宾有蔡京、李邦彦、宇文粹中。

蔡京是宋徽宗艺术上的知音。宋徽宗还是端王时,蔡京也只是个小官。有两个杂役对蔡京特别恭敬,经常给他扇风消暑。有天一时兴起,蔡京就在扇面上题了杜甫的诗。不料,这两把扇子被人以两万钱的高价买走了,买的人正是端王。可见蔡京书法之高妙。宋徽宗做了皇帝后,擢拔蔡京为相,君臣谈到这件事,宋徽宗说那两把扇子至今藏于内府。

李邦彦外表俊朗,风姿秀美,写得一手好文章,自号"李浪子"。用今天的话来说,此人艺术气质非凡,正合宋徽宗的胃口。宇文粹中出身名门,也是同一路人。

同是曲宴,前一年也有一场。蔡京在《保和殿曲宴记》中记道:"赐茶全真殿,上亲御击注汤,出乳花盈面。臣等惶恐前曰:'陛下略君臣夷等,为臣下烹调,震悸惶怖,岂敢啜?'"这次曲宴日期为宣和元年(1119)的九月十二日,参加的人员除越王、燕王、嘉王外,还有蔡京、王黼、童贯、冯熙载、蔡攸等。

蔡京在《延福宫曲宴记》中写得明明白白,宋徽宗开曲宴,亲自点茶布茶,是"示异恩也"。与织田信长不同的是,宋徽宗是真心喜欢与茶相关的一切,以茶待知己的味道更浓。而织田信长,固然也爱茶器,但更多的是注重"茶汤御政道"。

### 3. 宋徽宗的《文会图》

如果《延福宫曲宴记》《保和殿曲宴记》记载的场面不够直观的话，那么更直观的记录，则是宋徽宗的《文会图》。

在北宋皇宫某处，春意盎然，假山重叠、半隐半现，树木扶疏，雕栏玉砌环绕，一空旷处，一场雅集正在进行。

一张巨大的黑漆方桌上，各式器具、果子、点心、盆景摆得满满当当。八个文士打扮的人环桌而坐。桌上方的白衣雅士应该是这场宴会的主人，他抬起右手，似乎示意弓腰候他指令的绿袍男子暂且退下。他身后，一盏刚点好的茶正由侍女端上来。而桌下方一雅士向左扭着头，像是对着童子手捧的瓷盆漱口。其他雅士，或闭目养神，或拱手交谈。八个雅士，但桌上有十套餐具，还有两个到哪儿去了？

还有两位雅士，离桌站在古树和翠竹间闲聊。其中一个半倚在古树的虬枝上，右手捋起小胡须，很是惬意。种种细节表示宴会行程已过半，接下来是饮茶时间。

画面前方，与主桌雅士们的闲适相对比，茶几边的茶童们正忙碌得很。画面上有茶几二、茶柜一、贮水大盆一、盥洗大盆一、茶炉一、炭篓一、茶盘一、茶罐一、茶勺一、茶壶四、茶盏四、盏托九，还有一只小经瓶，不知是不是刚才饮酒时留下的。宋代的茶道，无论是器具还是程序，都在这里得到完整地呈现。

一名弓身站立的黑衣男子像是领班，他自己捧一个温盏的大盘，正在指挥着。四个童子：一个躬身持巾，正在用力擦拭茶几；一个站在火炉旁，炉火正炽，炭上有两只茶壶，显然正在烧水；一个手持长柄茶勺，正在从茶罐中取茶粉调浆，这是典型的点茶动作。

画面左下角那个最有趣，一个青衣短发的小童，却是将两组人物牵连起来的关键。童子梳着双丫发髻，坐在一只矮墩上，右手扶

点茶篇

宋 宋徽宗《文会图》 台北故宫博物院藏

宋 宋徽宗《文会图》（局部） 台北故宫博物院藏

膝，左手正端着一只大茶碗品啜。领班的眼睛正盯着他看，似乎在问他味道可否，又似乎在催促他赶紧起来干活。同时，童子忙碌后稍歇的放松感，又与主桌上的人物神态取得了呼应。

如此美好的茶会，通过宋徽宗赵佶的画笔，永远地定格下来。同时，对茶会的期盼，也深深留在士大夫心中。宋代茶宴之风盛行，与最高统治者嗜茶是分不开的。尤其是宋徽宗，亲撰《大观茶论》，亲自烹茶赐宴群臣，这在历史上都是少有的。

南宋时，茶宴更为普及，尤其禅林茶宴风行一时。如朱熹在武夷山市东南部的五夫时，与开善寺的住持圆悟交往甚笃，常与友人赴该寺茶宴。而禅林茶宴最有代表性的当数径山寺茶宴。

径山寺在今浙江余杭，始建于唐代，唐宋时期每年春季都要举行茶宴。南宋开庆元年（1259），日本高僧南浦绍明来到径山寺，经过五年的学习，将径山寺茶宴仪式带回了日本。日本茶道在此基础上形成。学界普遍认为，日本茶道起源于径山。

所以说，织田信长的"茶汤御政道"，与宋徽宗的曲宴是有渊源的。

## （二）北苑贡茶为何能屡创奇迹？

### 1. 宋代第一名茶明明在南方，为何叫"北苑贡茶"？

要说我国的十大名茶，这几种肯定在其中，只是排名各时期有所不同：西湖龙井、江苏碧螺春、黄山毛峰、信阳毛尖、六安瓜片、武夷岩茶、福建铁观音。

那么在宋代，哪个排第一？

上面这些统统不是。宋代遥遥领先的第一名茶，叫"北苑贡茶"。

有人一看这个茶名，以为是北方的茶。非也，而是产于福建的茶，具体位置在今天福建省建瓯市东部的东峰镇凤凰山一带。

明明在南方，为什么叫北苑贡茶？

南唐时，李后主李煜之父李璟灭了闽国，让金陵禁苑北苑使来管理建州（今福建南平市以上闽江流域一带）贡茶，这茶便叫成了"北苑贡茶"。李煜投降归顺北宋后，茶名沿袭了下来。

宋代第二任皇帝宋太宗时，熊蕃《宣和北苑贡茶录》记载："圣朝开宝末下南唐，太平兴国初，特置龙凤模，遣使即北苑造团茶，以别庶饮，龙凤茶盖始于此。"北苑贡茶从"研膏"到"的乳"，至此发展为"团茶"。为区别皇家与老百姓的茶，用特制的龙凤模具压制茶叶，由此北苑贡茶做成了大家熟知的龙团凤饼。

### 2. 第一个制高点：龙凤团茶

第三任皇帝宋真宗时，对香料颇有研究的丁谓担任福建路转运使。此时他三十五岁，有想法，有闯劲，正是干事业的黄金时期。

以他"唯上所好"的个性，自然潜心于制作贡茶。北苑贡茶的第一个辉煌期就是他开创的。他潜心五年研制的"龙凤团茶"，最大特色是加了香料。龙脑、麝香、檀香、沉香、龙涎等皆可入茶。初贡不过四十饼，"专拟上供，虽近臣之家，徒闻之而未尝见也"。

丁谓诗赋《北苑焙新茶》，仅一百六十字，将种茶、制茶、名气、滋味、得意之情全都概括了。茶好、名好、忠心可嘉，皇帝大加赞赏。龙凤团茶因此誉满京华，号为珍品。

当时的北苑贡茶名气有多大呢？真宗时期有位隐士叫林逋，对，就是写"疏影横斜水清浅，暗香浮动月黄昏"的那位，他隐居西湖孤山，以梅为妻，以鹤为子，二十余年足不及城市，布衣终身。如此隐逸之士，作《茶》诗道："石辗轻飞瑟瑟尘，乳花烹出建溪春。世间绝品人难识，闲对茶经忆古人。""建溪春"即建茶，首句点出了这是饼茶，要碾成粉末用于点茶。第二句"乳花"即为点茶点出乳花的状态。林逋有个好友叫梅尧臣，是朝廷重臣，也有类似的茶诗。他在《吴正仲遗新茶》中道："十片建溪春，乾云碾作尘。天王初受贡，楚客已烹新。"联系起来看，林逋咏的茶极有可能就是北苑贡茶。

**3. 第二个制高点：小龙凤**

到第四任皇帝宋仁宗时，蔡襄任福州知州，负责监制贡茶。蔡襄是福建当地人，对采茶、制茶非常内行，且每道关口亲自把控，这样就出来了品质精益求精的"小龙凤"。丁谓做的茶饼是八饼为一斤，后人称为"大龙团""大凤团"。蔡襄的二十饼为一斤，人称"小龙团""小凤团"。

蔡襄所著《茶录》，爱茶人必看。书中关于"茶香"一段，我一开始没读懂："茶有真香，而入贡者微以龙脑和膏，欲助其香。建安民间试茶，皆不入香，恐夺其真。若烹点之际，又杂珍果香草，其夺益甚,正当不用。"他强调茶有真香,茶饼加入珍贵香料反而会遮盖了茶本身的真香,所以他赞成建安民间"不入香"的做法。但他做的小龙团,又稍微加了点龙脑香,欲助茶香。

后来看到一则宋仁宗和蔡襄的君臣关系逸闻,才明白其中意味。王巩《闻见近录》说:"蔡君谟始作小团茶入贡,意以仁宗嗣未立而悦上心也。"原来,宋仁宗久无子嗣,人到晚年,大臣又常劝其立太子,令他倍感郁郁寡欢。

其实,令宋仁宗郁郁寡欢的远不止"无嗣"这一件事。蔡襄是庆历四年(1044)调任福州的。其时,宋夏战争进入尾声,北宋在经历最初的惨败和惶恐之后,逐渐稳定了局势。西夏向宋朝称臣,宋朝则需向西夏交付"岁赐"。西北边疆得到安宁后,宋仁宗将重心转到国内。打仗打得财政连连吃紧,手中无粮,哪个皇帝不慌?冗兵、冗员、冗费问题急需解决,于是便要优化整个官僚系统,节约财政支出。就在前一年,宋仁宗亲自启动了"庆历新政",北宋朝廷掀起一场巨大风波。

庆历新政由范仲淹领头,韩琦、富弼为主要闯将,欧阳修、蔡襄、王素、余靖为"四大谏"。新政开头轰轰烈烈,但与官僚中之既得利益者为敌,从虎口夺食,难度可想而知。随着守旧派的反扑,新政演变为朝廷小集团的对立。当朝廷局势云谲波诡、硝烟滚滚时,宋仁宗不能不紧张,在这个过程中,他将蔡襄摘了出来,调知福州,蔡襄也因此逃过了庆历五年(1045)新政失败导致的人员变动这一劫。

蔡襄作为新政的骨干力量,亲身体会了新政的必要、艰难、变味,十分体谅仁宗在这个过程中的不易。他研制小龙团,意欲献给宋仁宗品饮,以缓解仁宗的郁闷情绪。

而龙脑香,是顺气解郁的佳品。蔡襄虽强调茶有真香,但加入香料的小龙团,是开给宋仁宗的专方。

看来这一凝结了蔡襄心血的专方确实管用,宋仁宗非常喜欢小龙团。喜欢到什么程度呢?就算是宰相也不舍得给。一直到祭天的南郊大礼时,中书省、枢密院八位重臣共赐一饼,还让宫人剪了龙凤花草隆重地贴在上面。八家分割一小小茶饼,拿回去后哪舍得碾来试喝,都是当宝贝珍藏着。

嘉祐七年(1062)明堂祭祀时,正、副宰相才每人赏赐一饼。就在那次,欧阳修得到一饼。他感慨说:"自以谏官供奉仗内,至登二府,二十余年,才获一赐,藏以为宝,时有佳客,出而传玩尔。"我从谏官做到副相,二十多年了,才得了这么一饼,当宝贝一样地珍藏着。有贵客上门,也只是拿出来传递着赏玩,饱饱眼福而已。以至于他朋友唐庚在《斗茶记》中怨他把茶放得没有茶味了。

也难怪,得到小龙团,这是人臣的极高礼遇。宋仁宗驾崩后,欧阳修每次捧茶欣赏都会百感交集、痛哭流涕。

### 4. 第三个制高点:密云龙

第五位皇帝宋英宗在位仅四年,马上便到了第六位皇帝宋神宗的时代。神宗任用王安石进行变法。贾青是追随王安石的改革派,神宗派他去福建监制贡茶。南宋叶梦得在《石林燕语》中记载:"熙宁中,贾青为福建转运使,又取小团之精者为'密云龙',以二十饼为斤而双袋,谓之'双角团茶'。大小团袋皆用绯,通以为赐也;'密云'独用黄,盖专以奉玉食。"

贾青更精奢,研制出超越小龙团的密云龙,茶饼上云纹细密,四十饼为一斤,其包装为黄色,供皇室专享,时称"黄金缕,密云龙"。而用来赏赐的大小团茶,皆是红色包装。

宋神宗去世后,年仅九岁的宋哲宗即位,神宗生母高太后垂帘听政。小皇帝不懂得密云龙的珍贵,出手大方,时不时以密云龙赏赐臣下,令高太后心疼不已。

说到哲宗以茶赏赐臣下，倒让人想起一件事来。

苏轼的好朋友王巩，在《随手杂录》中记了一件事，是苏轼亲口对他说的：苏轼在杭州时，宫里的中使来出差。临走时苏轼在望湖楼设宴告别。当时中使与监司官员一起，中使对他们说，你们先走一步。等他们都离开后，中使悄悄跟苏轼说，他这次要出发时，去跟皇上告别，皇上让他去跟太后告别后再来。他回到皇上那儿，皇上把他引到一个柜子旁，打开一角，压低声音说："赐与苏轼，不要让人知道。"中使把东西拿出来，原来是一斤茶，御笔封题的。

这一斤茶是否密云龙不得而知，但御笔封题的茶肯定是不一般的茶。苏轼确实有密云龙，平时跟欧阳修一样藏得好好的，只有黄庭坚、秦观等人来时，才奢侈开饼，拆开前还要让大家看看御笔封题，这高兴劲儿啊。喝了好茶当然要作词留念。苏轼《行香子》道："共夸君赐，初拆臣封。看分香饼，黄金缕，密云龙。"黄庭坚喝了的感受是："味浓香永，醉乡路，成佳境。恰如灯下故人，万里归来对影。口不能言，心下快活自省。"

由此可见，小皇帝宋哲宗对苏轼有着浓浓的仰慕之情，其赐茶出手大方也是真的。想到后来哲宗亲政后将苏轼一贬再贬，直至将年老的苏轼贬去天涯海角的儋州（今海南岛内），真是令人唏嘘啊。

因为小皇帝开了口子，皇亲国戚及权贵近臣们都厚着脸皮来求赐。乞赐的人越来越多，弄得一向节俭的高太后烦恼不堪。南宋周辉《清波杂志》记，高太后"受他人煎炒不得"，发牢骚道："拣好茶吃了，生得甚意智。"元祐初年，高太后痛下决心，下令建州不许再造密云龙，连团茶也不许再造。

不料，此话一出，密云龙身价更高，朝野无不视之为至宝，人人都想居为奇货。而入贡朝廷之物中，没了密云龙，却来了个"瑞云翔龙"，比密云龙更贵重。

### 5. 第四个制高点：龙团胜雪

宋哲宗年纪轻轻就去世了，他弟弟即位，是为宋徽宗。前面说了从大龙团到小龙团，再到密云龙，冉到瑞云翔龙，已经精益求精，无法再精了吧？不，宋茶之巅峰，肯定在宋徽宗时代。

怎么个再精法呢？有个管理漕运的官员叫郑可简，创制了一种叫"银丝水芽"的制茶法：将茶枝上新长出的嫩芽采下，蒸熟后剥去外叶，只留取芽心一缕，再用清泉浸泡，直至芽心光明莹洁，一根根像银线丝一样。以此茶制成"方寸新"，点出之茶茶色像雪一样白，所以取名"龙团胜雪"。

龙团胜雪还有个特点，一改北苑贡茶加香料的传统做法，制成茶饼时不加香料，激发的全是茶叶本身的真香。

这哪是茶，分明是艺术极品。宋徽宗对龙团胜雪十分满意。郑可简因此而受宠幸，官位升至福建路转运使。

唉！

### 6. 南宋时代之"北苑试新"

到了南宋，情况有无改变呢？

周密《武林旧事》说到"进茶"：农历二月上旬，天气还有点冷，福建那边运来的第一批贡茶已经到了，什么茶呢？叫"北苑试新"。都是方寸大小的小銙，进贡不过百銙。

所谓"銙"，是指金属模具，形状有方有圆。北苑贡茶以銙形为模具压制茶饼，一个称一銙。

小茶饼先以黄罗包裹，外层包上青箬叶（箬叶就是包粽子的叶子），再用黄罗裹一层，封上朱印，然后放进一个红色小匣中，用镀金的小锁锁上，最后放进一个细竹丝织的筐子里。

包装如此用心，里面的茶到底怎样？茶饼用的茶叶是"雀舌水芽"。刚刚抽芽、叶片尚未展开的嫩头，形状小巧似雀舌，叫"雀

吴越国 鹦鹉纹鎏金银腰带 浙江省博物馆藏

舌",水芽可能就是如"银丝水芽"那样放在清泉里浸泡的意思。

"北苑试新"有多珍贵呢？周密说，方寸一小块，值钱四十万。问题是一共就只有一百饼，有钱也买不到。而一小饼茶，也只能点几盏茶而已。如果要赏赐，小小一块就得用细线裁开，分成好几份。拿到的人家也不是拿来喝的，"转遗好事，以为奇玩"。

当然，这点茶尚不够皇家自己喝的。贡茶亦分等级，"北苑试新"只是第一等。宋高宗时期，北苑贡茶共分十个等级，每个等级又有不同的花样：第一名曰试新；第二名曰贡新；第三名有十六色——龙团胜雪、白茶、万寿龙芽、御苑玉芽、上林第一、乙夜清供、龙凤英华、玉除清赏、承平雅玩、启沃承恩、云叶、雪英、蜀葵、金钱、玉华、千金；第四有十二色……；第五次有十二色……；以下五纲，皆大小团也。

这个排名，看到第三等级"龙团胜雪"时，令人不淡定了。名还是那个名，但南宋时的品质不如北宋了。

南宋的赐茶，仍是君臣情感的助推剂。这方面遵从的还是北宋旧制。《宋史·礼志》载："中兴仍旧制：凡宰相、枢密、执政、使相、节度、外国使见辞及来朝,皆赐宴内殿或都亭驿,或赐茶酒并如仪。"

洪迈编成《万首唐人绝句》后,得到宋孝宗的赏赐如下:茶一百銙,清馥香一十贴,薰香二十贴,金器一百两。平时也有赐茶,如周必大有次值班时,被宋孝宗叫去讨论军事问题,回到值班室心情起伏,写下《入直召对选德殿赐茶而退》:"绿槐夹道集昏鸦,敕使传宣坐赐茶。归到玉堂清不寐,月钩初上紫薇花。"

总之,北苑贡茶从太平兴国二年(977)设官焙起,直到南宋政权最后灭亡,独领风骚三百多年。

## (三)西湖龙井为何未能成为南宋第一贡茶?

### 1. "安吉白茶"非宋徽宗指认的白茶

前面我们说到,北苑贡茶到宋徽宗的龙团胜雪时到达巅峰,登峰造极了。懂行的茶友有话要说:非也,宋徽宗认为登峰造极的茶是白茶。

白茶?如今扬名四海的白茶当数湖州的"安吉白茶"。因湖州确实有被茶圣陆羽论为"茶中第一"的名茶,很多人便将"安吉白茶"等同于宋徽宗说的"白茶"。

它们是一回事吗?

先来看被茶圣陆羽论为"茶中第一"的到底是什么茶。

### 2. 茶圣陆羽评为"天下第一茶"的是什么茶?

陆羽是唐代人。有一首唐诗描述的场景让人恨得牙痒痒:"长安回望绣成堆,山顶千门次第开。一骑红尘妃子笑,无人知是荔枝来。"想象那个妃子笑的情景,真是太过分了。而有一首类似的唐诗,是关于茶的。唐代吴兴(今湖州)太守张文规的《湖州贡焙新茶》写道："凤辇寻春半醉回,仙娥进水御帘开。牡丹花笑金钿动,传奏吴兴紫笋来。"因皇帝特别喜爱湖州的顾渚紫笋,所以宫女一听到顾渚紫笋已经运到宫里的消息,立即向正在"寻春半醉"的皇帝禀报。顾渚紫笋茶在唐代的地位,可见一斑!

这款茶名是如何来的呢?"顾渚"是地名。水中小块陆地叫"渚",杭嘉湖一带是水乡,有很多带"渚"的地名,如良渚、上渚、下渚、渌渚等等。"紫笋"则源于这款茶的鲜茶芽叶微紫,嫩叶背卷似笋壳。

陆羽称得上是"顾渚紫笋"之父,是他推荐这款茶成为贡品的。

陆羽(733—约804)是复州竟陵(今湖北天门)人。二十多岁时为了避安史之乱,去了湖州,跟着诗僧皎然学习茶。皎然(约720—约795)是南朝谢灵运十世孙,在顾渚山有茶园,他很以该茶的品质自豪。他在《顾渚行寄裴方舟》里说:"女宫露涩青芽老,尧市人稀紫笋多。紫笋青芽谁得识,日暮采之长太息。"

陆羽年轻时经常在这一带茶山上采茶。皎然在《访陆处士羽》中说:"太湖东西路,吴主古山前。所思不可见,归鸿自翩翩。何山赏春茗,何处弄春泉。莫是沧浪子,悠悠一钓船。"皇甫冉写过一首《送陆鸿渐栖霞寺采茶》:"采茶非采菉,远远上层崖。布叶春风暖,盈筐白日斜。旧知山寺路,时宿野人家。借问王孙草,何时泛碗花。"

顾渚紫笋的产地顾渚山,海拔355米,地处浙、苏、皖三省交界,西靠大山,东临太湖。这里山清水秀、云雾缭绕,绝大部分茶树都长在海拔百米以上溪涧两侧的烂石间或砾壤中。后来明代的程用宾《茶录》认为:"茶无异种,视产处为优劣。生于幽野,或出烂石,不俟灌培,至时自茂,此上种也。"茶种都差不多,茶叶品质主要由茶树生长环境的优劣来决定。如果茶树生长在幽野的烂石

159

间，就不用人工去灌培，到了季节，它自然会茂盛。这样的茶，是最好的。

根据《唐刺史考全编》，大历元年（766），常州刺史李栖筠邀请陆羽到义兴（今宜兴）考察茶叶。陆羽带去了顾渚紫笋，请在座各位品尝，陆羽认为这款茶"芬香甘辣，冠于他境，可荐于上"。李栖筠听从了他的建议，安排进贡。自此，顾渚紫笋开启了八百多年的进贡历程。

当时的文化名人常聚于湖州。唐大历九年（774）三月，时任湖州刺史的颜真卿，邀请了陆羽、皎然、潘述、李萼、陆士修、韦介等十九位名士在竹山堂聚会饮宴。席间每人作两句诗，相连成篇，遂诞生了历史上有名的茶文化名句帖，即颜真卿的《竹山堂连句》，真迹现保存在台北故宫博物院。

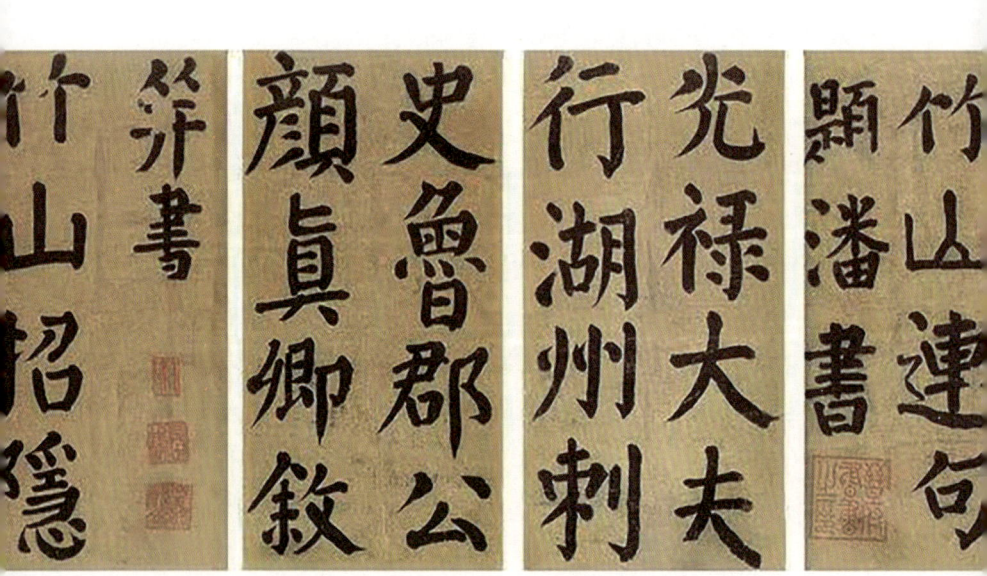

唐 颜真卿《竹山堂连句》（局部） 台北故宫博物院藏

### 3. "顾渚紫笋"是绿茶吗?

当时他们喝的顾渚紫笋是怎样的呢?像现在这样一人一杯绿茶吗?

不不不。

顾渚紫笋是做成茶饼的,当时叫"研膏紫笋"。嘉泰《吴兴志》载"紫笋茶始贡五百串"。这个"串"字证实了当时加工的是蒸青饼茶。陆羽《茶经》说到"茶之造"的流程为:"晴,采之,蒸之,捣之,拍之,焙之,穿之,封之,茶之干矣。"

这从当时去湖州考察顾渚紫笋的唐代官员的诗歌中也能得到佐证。袁高《茶山诗》曰:"选纳无昼夜,捣声昏继晨。"李郢《贡焙歌》中:"喧阗竞纳不盈掬,一时一饷还成堆。蒸之馥之香胜梅,研膏架动声如雷。茶成拜表贡天子,万人争啖春山摧。"

既然是茶饼,根据法门寺地宫出土的唐代茶具,吃法如下:先

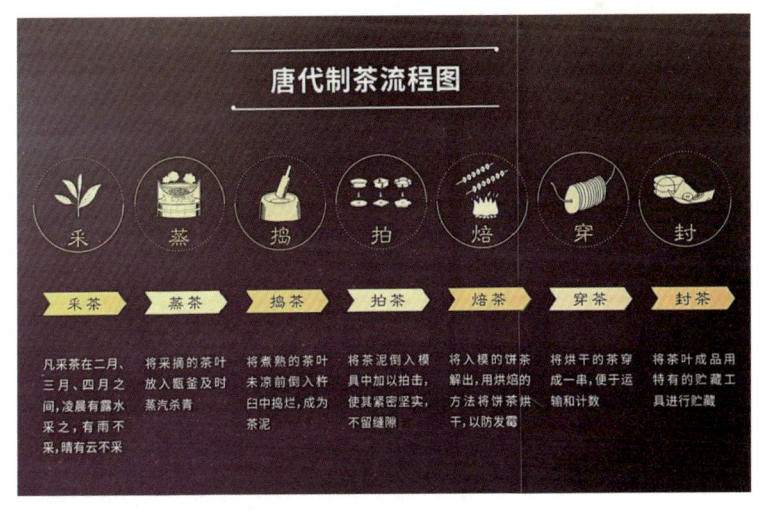

唐代制茶流程图

南宋四雅
书画器物中的南宋生活美学

唐 茶具一组　湖州市博物馆藏

烘烤茶饼，敲碎，用茶碾子碾碎，再经茶罗子筛出细茶末。然后，将茶末投入沸水中，边投边搅，最后加一点点盐，分茶，趁热喝。

那么，顾渚紫笋与宋徽宗所说的白茶有关系吗？

没有关系。宋徽宗所说的白茶，仍是指福建北苑贡茶中的一个微小分支。

宋徽宗在《大观茶论》里明明白白写道："白茶自为一种，与常茶不同。其条敷阐，其叶莹薄。崖林之间，偶然生出，非人力所可致。正焙之有者不过四五家，生者不过一二株，所造止于二三銙而已。芽英不多，尤难蒸焙；汤火一失，则已变而为常品。须制造精微，运度得宜，则表里昭彻，如玉之在璞，它无与伦也。浅焙亦有之，但品格不及。"

白茶自成一种，与一般的茶不一样。它的枝条舒展，叶片薄而晶莹。白茶是在山崖的丛林之间偶然生长出来的，非人力可以培养。用这种白茶焙饼的，整个福建不过四五家，每家拥有的白茶树不过一二株，每年能做出的茶饼也不过两三銙而已。白茶的茶芽不多，特别难以蒸青烘焙。汤水火候一旦掌握不当，就变成一般的茶了。做白茶，必须精心细致，每个环节操作手法得宜，这样制出的茶饼就表里透彻，好像美玉包藏在璞石之中，这是别的品种无法比拟的。

这下不用解释了，宋徽宗说的白茶，整个北苑贡茶产区最多也就十株，产量之低、制作要求之高都是令人咋舌的。每年的成品也只有两三銙，仅供宋徽宗本人尝个鲜而已。

可以看出，唐代的头牌在湖州，到了宋代，头牌南移，变成福建了。这里面什么关键因素变了呢？范仲淹的《斗茶歌》写得明白："年年春自东南来，建溪先暖冰微开。"宋时我国进入第三个小冰期，浙江湖州一带气候骤然变冷，影响了茶的产量及品质，而福建建安一带气候温暖，正是茶叶质量最好的生态期。

### 4.南宋时有没有西湖龙井？

有人要问了，如今稳居前三的西湖龙井，宋代没有吗？尤其是南宋，都已经建都临安（今杭州）了啊。

有的。据专家研究，西湖龙井的前身，就是西湖周边的寺院茶。唐代陆羽《茶经》记载有天竺茶、灵隐茶。南宋吴自牧《梦粱录》记载有宝云茶、香林茶、白云茶。

南宋《淳祐临安志》道："上天竺山后最高处，谓之白云峰。于是寺僧建堂其下，谓之白云堂。山中出茶，因谓之白云茶。"现如今，那片区域正是西湖龙井的产区。可以说，白云茶正是西湖龙井的老祖宗。

稍后的《咸淳临安志》道："岁贡，见旧志载，钱塘宝云庵产者名'宝云茶'，下天竺香林洞产者名'香林茶'，上天竺白云峰产者名'白云茶'。"可见，宝云茶、香林茶、白云茶都是南宋的贡茶。这也许是因地制宜，毕竟是帝都自产茶。

现在冲泡龙井茶，当地人叫"沏茶"。"沏"字怎么个说法？因龙井茶未经发酵，茶叶非常之嫩，有"色泽翠绿、香气浓郁、甘醇爽口、形如雀舌"四个特点，所以要用八十摄氏度左右的水，沿着杯壁缓缓注入，才不会损伤茶叶。切不可以沸水对着茶叶直冲，这样就把四个特点冲没了，那叫暴殄天物。

但宋时的西湖龙井不是这个冲泡法。来看林逋的《尝茶次寄越僧灵皎》："白云峰下两枪新，腻绿长鲜谷雨春。静试恰如湖上雪，对尝兼忆剡中人。瓶悬金粉师应有，箸点琼花我自珍。清话几时搔首后，愿和松色劝三巡。"

白云峰下产的茶就是"白云茶"，"两枪新"是指刚刚冒头的两片尚卷缩着未舒展开的茶叶。鲜嫩的新茶一般在谷雨前后采摘。好，到关键点了，静静地试茶，茶是什么状态的呢？汤沫像"湖上雪"，马上想到宋徽宗的"龙团胜雪"，还是茶饼。

宋时的西湖龙井，是茶饼，喝法是点茶，只是贡茶中一个小小分支。

## （四）宋代品茶第一人斗茶输在哪里？

**1. 宋代最懂茶的人是谁？**

宋代最懂茶的人，非蔡襄莫属，就是为宋仁宗创制"小龙团"的那位。

宋代士大夫之间，流传着一些识茶的神话，都是关于蔡襄的。

有一天，泉州福唐（今福清）的蔡叶丞请蔡襄喝茶，喝"小龙团"。坐了一会儿，不想又来了一位客人。茶童终于将茶端上来时，蔡襄只喝了一口就说："这个茶不完全是小龙团，肯定掺杂了大龙团。"蔡叶丞很惊讶,不可能啊,赶紧叫来童子。童子说:"本来只碾了两人的茶,忽然又来了一位客人,怕来不及,就掺了一点大龙团。"估计茶罐里有碾好的大龙团茶末,平时用于待客的。

这个故事记载在北宋彭乘的《墨客挥犀》中。这一来,蔡叶丞服不服呢?作者有意思,用了两个字:神服。

福建建安有个寺叫"能仁院",周围有茶生长于石缝间,茶质非常好,但产量少。寺僧采摘后做成茶饼,取名"石岩白"。四饼给了蔡襄,另四饼后来让人带给了京师的王禹玉。这年年底,蔡襄被召唤京师另有任用。一天,他去拜访王禹玉。王禹玉见来了贵客,又深知蔡襄懂茶,便让家人从家藏的茶中去精选好的。上茶时,蔡襄捧着茶盏尚未品尝,就奇怪道:"这茶极似能仁寺的石岩白,您是从哪儿得来的?"王禹玉不信,赶紧找来封贴看茶名,果然是,不得不服。

这个故事最初同样记录在北宋彭乘的《墨客挥犀》中,后来南宋周煇的《清波杂志》、张舜民的《画墁录》等都有转载。蔡襄的识茶本事,大家传为奇谈。

茶人引蔡襄为知音。被宋徽宗誉为天下第一茶的白茶,在蔡襄那个时代就非常出名了。北苑有个茶园户叫王大诏,他家有棵白茶树,这棵树于皇祐三年(1051)被嫉妒他的同行弄死了。哪想十多年后的治平二年(1065),枯树重新长出一枝,王大诏用这枝的新叶,做了个迷你茶饼,多小呢?比五铢钱还要小,即比如今的一元硬币还要小,中间还要开个方孔。王大诏带着这枚小小宝贝,奔赴四千里至京师见蔡襄。那一年,距离蔡襄离开北苑已经十七年了。可见,好茶不常有,而像蔡襄这样的识茶者更不常有。

说蔡襄是宋代"茶状元",恐怕无人不服。

但神奇如此的蔡襄,竟然在一次斗茶中输了。

## 2.最懂茶的人斗茶斗输了是真事吗？

北宋江休复的《嘉祐杂志》记载："苏才翁尝与蔡君谟（蔡襄，字君谟）斗茶。蔡茶精，用惠山泉，苏茶劣，改用竹沥水煎，遂能取胜。"

先不管内容，很多人看到一个"苏"字，又是关于斗茶，马上直指苏轼，原来苏轼与蔡襄斗茶，咱们苏轼赢了。于是网上尽是苏轼与蔡襄斗茶的故事。唉，谁让苏轼这么招人爱呢？

有人谨慎一点，苏才翁不是苏轼吧？对了，是北宋第一美男子苏舜钦（字子美）。苏舜钦与蔡襄同朝为官，都是庆历新政的骨干分子，美男与茶也很搭，于是网上又有一批苏子美与蔡襄斗茶的故事。

其实，"苏才翁"是苏舜元，苏舜钦的哥哥。

这个故事的真实性如何？

蔡襄与苏舜元是同僚，二人的政治观点非常契合，都在范仲淹的朋友圈中，是庆历新政的改革派，且两人都是当时出了名的书法家，情谊深厚。蔡襄在《苏才翁墓志铭》中说："某与才翁兄弟游最久，今皆已亡矣。"

蔡襄于庆历四年至皇祐二年（1044—1050）在福建任职，苏舜元于庆历六年至八年（1046—1048）任福建监丞，他们有过两年的交集。福建乃产茶之地，蔡襄又管着北苑贡茶，两人品茗、斗茶的场景肯定不少。而记叙者江休复与苏舜元的弟弟苏子美有往来，所以故事应该是真的。

苏舜元应该深知蔡襄的识茶本领，所以斗茶时另辟蹊径，在水上做文章。

## 3.水对茶的重要性

水对茶的重要性，我们这一代人大多是从《红楼梦》的妙玉处得知。第四十一回"栊翠庵茶品梅花雪"中，高洁孤傲的妙玉招待贾母一行人，用的是"旧年蠲的雨水"。随后单独招待黛玉、宝钗、宝玉时，黛玉因问："这也是旧年的雨水？"妙玉冷笑道："你这么个人，竟是大俗人，连水也尝不出来。"黛玉是如何的孤傲，只有妙玉敢当着大家的面骂她大俗人，她竟也不生气。

这到底是什么水呢？妙玉道："这是五年前我在玄墓蟠香寺住着，收的梅花上的雪，共得了那一鬼脸青的花瓮一瓮，总舍不得吃，埋在地下，今年夏天才开了。我只吃过一回，这是第二回了。你怎么尝不出来？隔年蠲的雨水那有这样轻浮，如何吃得。"

妙玉这番话真是令人吃惊。前面招待贾母用"旧年的雨水"，我们已经觉得太讲究了，这里来一句"如何吃得"。而她所谓的能吃的水，要符合这么几个条件：一是梅花上的雪，这梅花还不能开在闹市区，必须是寺边的才干净清幽；二是用深青色钧窑瓷罐存放，只有瓷罐才不夺水的原味，金罐银罐都会有一股金属腥气；三是要埋在地下五年，只有如此窖藏过才无一丝燥气，喝起来才能轻浮无比。

小时候读《红楼梦》，读到这些只觉云里雾里，只当是作者的夸张。年岁渐长，越来越相信妙玉的话。

我本人对水，也有过被触动的实感。某次出差到一个北方城市，带了刚上市的西湖龙井，晚上泡茶喝。茶一入口竟是苦涩味，我吓了一大跳，赶紧去看是否带错了茶叶。又用矿泉水重烧一壶，茶汤才回归原味。

**4. 用什么水点茶最好？**

茶离不开水。唐代陆羽的《茶经》，自然也说到水：山上的水为上等，江水为中等，井水为下等。同是山上的水，好坏也有分别：最好选取在石滩上漫流的水，那种奔涌湍急的水不要饮用，长期喝这种水会让人颈部生病。几处溪流汇合、停蓄于山谷的水，水虽澄清，但不流动，从热天到霜降前，或许有各类动物的毒留在里面，水质被污染了。要用这种水的话得先挖开个缺口，把死水放走，让新的泉水涓涓流入，然后饮用。江里的水，要到离人远的地方去取。井里的水，要从有很多人汲水的井中取。

明代张大复在《梅花草堂笔谈》中总结道："茶性必发于水，八分之茶遇水十分茶亦十分矣，八分之水试茶十分茶只八分耳。"确实是这个理啊。

想起了明末冯梦龙记载的那个故事《王安石三难苏学士》，其中一难就是关于水的。

王安石（别称荆公）脾胃不好，医生告诉他饮用阳羡茶可治，但是得用长江瞿塘中峡的水煎服才有效用。那时苏轼在四川眉州服父丧期满，正将返京复职，荆公就写信给他，请他出川时顺道带一瓮中峡的江水进京。苏轼当然满口答应。

然而，苏轼一路寻思着要做一篇《三峡赋》，过中峡时竟然忘记了取水，等他想起时船已到了下峡。他赶紧叫来当地人问：三峡之水哪一峡的水好？当地老者答道："三峡相连，并无阻隔。上峡流于中峡，中峡流于下峡，昼夜不断。一般样水，难分好歹。"于是，他取了一瓮下峡的水，带回给荆公。

王安石用此水点茶，见茶色半晌方见，便问苏轼："此水何处取来？"苏轼道："巫峡（巫峡即中峡）。"荆公道："是中峡了。"东坡道："正是。"荆公笑道："又来欺老夫了！此乃下峡之水，如何假名中峡？"东坡大惊，问道："实是取下峡之水！老太师何以辨之？"荆公道："这瞿塘水性，出于《水经补注》。上峡水性太急，下峡太缓，惟中峡缓急相半。太医院官乃明医，知老夫乃中脘变症，故用中峡水引经（引经：将中药的药力导引到病变部位）。此水烹阳羡茶，上峡味浓，下峡味淡，中峡浓淡之间。今见茶色半晌方见，故知是下峡。"

这个故事是真是假呢？故事来自明末冯梦龙的《警世通言》。这本书的题材来自宋、元、明话本，不排除有加工的成分。但故事中关于水的论述倒都站得住脚，从一个侧面反映了宋代对水的认识已经非常深刻，且运用到了日常生活中。

但故事中有一个情节值得怀疑。众所周知，苏轼爱茶，他对茶水的讲究也是出了名的，绝不会犯下"三峡相连，一般样水"这样的错误。

**5. 苏轼爱用什么水点茶？**

苏轼因反对王安石变法，在"乌台诗案"中差点掉脑袋，入狱一百三十多天，又被贬黄州四年。终于结束流放生活后，元丰八年（1085），四十九岁的他上表朝廷请求归隐太湖畔的宜兴，获得批准，于是"买田筑室于蜀山南麓"。为何苏轼看中宜兴呢？他与宜兴的蒋之奇、单锡是同榜进士，在琼林宴上（殿试后为新科进士举行的宴会），他们相约来宜兴。

在宜兴独山，他度过了人生中短暂的休闲时光。当他登上独山，见群峰连绵，颇有眉山之意，一股落叶归根的思乡之情油然而生，不由感叹"此山似蜀"，后来人们就把这里叫作蜀山。

住在蜀山时，苏轼最爱金沙寺旁玉女洞金沙泉的泉水。宜兴蜀山本地也有贡茶，即著名的阳羡茶，阳羡茶与金沙泉是绝配，类似现今的龙井茶加虎跑水。

蜀山和金沙寺之间，约莫有二十里路，苏公的书童三天两头就得跑一趟，挺累的。有一次，书童途中滑了一跤，水洒了一地，他见路边的溪水也很清澈，于是装了一瓶来交差。

苏轼煎水点茶，觉得茶沫、茶味不似以前，追问书童，书童只得如实相告。为防止类似事件的发生，苏轼想了个办法：将一节竹管劈开两爿，做上记号，一爿自己保管，另一爿交给金沙寺的老和尚。每次派书童去挑水，就把自己这里的竹爿交给书童，让他换回金沙寺老和尚那里的另一爿来。如此一来，再也没发生过以次充好的事情。

这个故事的真实性有据可考。根据就是苏轼自己的诗作《爱玉女洞中水，既致两瓶，恐后复取而为使者见绐，因破竹为契，使寺僧藏其一，以为往来之信，戏谓之调水符》。诗是这样写的："欺谩久成俗，关市有契繻。谁知南山下，取水亦置符。古人辨淄渑，皎若鹤与凫。吾今既谢此，但视符有无。常恐汲水人，智出符之余。多防竟无及，弃置为长吁。"由竹符换水，生出世上欺谩成俗、诚信缺失的感慨。据说，后来的泡开水用"水筹"即由此而来。

蜀山金沙泉在南宋亦非常有名。岳飞于建炎四年（1130）春，率军追击金兵，途经金沙寺时，与寺僧议战，共品金沙泉泡沏的阳羡茶。

苏轼本想在蜀山长居久安，不料几个月后，年仅三十八岁的宋神宗突然病逝，九岁的宋哲宗继位，高太后垂帘听政。苏轼马上被高太后召回朝廷重新起用。

**6. 什么水打败了"茶状元"？**

说回蔡襄与苏舜元斗茶的事。有人不解了，蔡襄用的惠山泉，被茶圣陆羽列为第二，是"天下第二泉"，好水哪。

确实，庆历八年（1048），蔡襄因为父亲去世，服父丧而离职，皇祐二年（1050）启程回京返职。在回京的路上，路过无锡，因慕惠山泉之名，他赶去品尝。

作为一个茶人，对水有着天生的敏感，怎能错过名泉呢！

惠山泉来源于若冰洞，泉水透过岩层裂隙，呈伏流状汇集而出，泉水质轻而味甘。在唐代，不仅陆羽赞赏惠山泉水，其他人亦评价此水是"人间灵液，清澄鉴肌骨，含漱开神虑。茶得此水，皆尽芳味"。

蔡襄品尝惠山泉水后，觉得如何呢？他的答案写在《即惠山煮茶》中："此泉何以珍，适与真茶遇。在物两称绝，于予独得趣。鲜香箸下云，甘滑杯中露。当能变俗骨，岂特涓尘虑。昼静清风生，飘萧入庭树。中含古人意，来者庶冥悟。"

蔡襄在福建建阳曾找遍山泉，不承想用惠山泉泡制的小龙团，才是人间最好的一盏茶。惠山泉何其珍贵，刚好遇到了茶中绝品小龙团，相得益彰，这么好的滋味，现在唯他独享，真是夫复何求啊。

经过茶人蔡襄的肯定，惠山泉名气大增。在京都，以惠山泉赠人或招待人，成为上流社会的惯例。蔡襄是大书法家，欧阳修花了十八年时间编成《集古录》千卷，写好序文后，请蔡襄书写。对蔡襄的字，欧阳修评价道："其字尤精劲，为世所珍。"因此，特选了四样礼物作为润笔馈赠，分别是鼠须栗尾笔、铜绿笔格、大小龙茶、惠山泉。蔡襄收到后大笑，认为清而不俗。

到了宋徽宗时期，惠山泉被定为贡品，两淮、两浙路发运使赵霆按月进贡一百坛。据蔡京的《太清楼特宴记》，政和二年（1112）四月八日，宋徽宗在皇宫后苑太清楼内举办宫宴时，点茶用的水就是惠山泉。

嗯？没搞错吧？惠山离京都汴梁可远着呢，那时没有高铁，一瓶惠山泉长途跋涉到京都，难道不变质吗？

这确实是个问题，但茶人们自有他们的办法。南宋周煇在《清波杂志》中说，长路迢迢，惠山泉运到汴京时，往往有瓶盎气，不新鲜了。怎么办呢？要用细沙去淋，过滤后，则如新汲时。这个方法叫作"拆洗惠山泉"。

蔡襄踏足惠山几十年后，苏轼"独携天上小团月，来试人间第二泉"。惠山泉赢得了苏轼的心。"雪芽我为求阳羡，乳水君应饷惠山。"苏轼嗜茶,"阳羡茶+惠山泉"可能也是他想归隐宜兴蜀山的原因之一。苏轼暮年被贬海南,当地有一座"三山庵",庵内有一泉,苏轼品尝后,认为该泉水与惠山泉不相上下。他感慨道:"水行地中,出没数千里外,虽河海不能绝也。"

看到这里,你是不是好奇心顿起?惠山泉如此不凡,那苏舜元赖以取胜的竹沥水,到底是何物?

我出生在临安山区。临安的竹山连绵无际。小时候经常见砍毛竹时,有水从毛竹里流出来,但从来没想过要收集这些水。因为山里到处是泉水,从来不缺好水。

南宋周煇在《清波杂志》中说:"天台山竹沥水,断竹梢屈而取之盈瓮。若杂以他水,则亟败。"砍下一段毛竹,削去梢头,折断,用瓮罐接着,将里面的水倒出来,就是竹沥水。天台山的竹沥水很有名。取水时得注意不能与其他水混合,否则就没用了。

北宋沈括的《梦溪笔谈》中讲到,王彦祖到雷州去上任的时候,正值夏天,怕山溪里的水有毒或有瘴气,不敢喝,只能剖竹取水,烹饪饮啜,皆用竹水。

竹沥水相当于用竹子的生态体系将水过滤了一遍,有淡淡的清香味,甘甜清冽,是上等的饮用水。下次回临安,我也去试试竹沥水煮茶的滋味。

## (五)南宋茶碗怎么成了日本国宝?

### 1. 宋代老茶客有专用茶壶吗?

现今看一个人是否老茶客,看下其茶壶上的包浆便知。

但如果你在古玩摊遇到宋代的茶壶,价格还不高,以为捡漏了,那就大错特错了。宋人喝茶方式是点茶,点茶无需茶壶,所以宋代并不生产茶壶。

宋代点茶，茶盏是主角。

前面我们说过，点茶的最高境界是茶色洁白胜雪，什么茶盏能衬托茶沫洁白胜雪呢？宋徽宗在其《大观茶论》中说得明白："盏色贵青黑，玉毫条达者为上，取其焕发茶采色也。底必差深而微宽。底深则茶宜立而易于取乳；宽则运筅旋彻，不碍击拂。然须度茶之多少，用盏之大小。盏高茶少，则掩蔽茶色；茶多盏小，则受汤不尽。盏惟热，则茶发立耐久。"

宋徽宗说的这个茶盏，叫建盏。

**2. 建盏之美**

建盏与北苑贡茶是直接联系在一起的。建盏的产地是建阳，建阳即在北苑贡茶产地建安（今建瓯市）境内。当地的瓷土含铁量极高，这从未施釉的盏底就可以看出。建盏的整体风格是胎体厚重，茶盏底部既深且宽，端在手中给人一种稳重厚实的感觉，这使得建盏具有极高的辨识度。

建盏胎体厚可保温，这是点茶起茶沫、观汤色、看水痕所必需的，也能确保口感上的甘鲜。只有底深，茶末才有沉浮空间，有利于出乳花，乳花即茶汤上面的茶沫。只有底宽，茶筅才能运旋自如，不妨碍击拂。

而建盏的灵魂，是其厚釉。宋代采用柴烧龙窑，建盏在烧制过程中，由于不同盏所处位置的窑温和气氛不同，釉水会变化出各种自然奇特的花纹，花纹复杂绮丽，各盏不一。这些花纹在黑釉背景下，呈现出璀璨若星、神秘而又静谧的效果。

建盏按釉面不同大致可分为五类：黑釉、兔毫釉、鹧鸪斑釉（油滴釉）、曜变釉和杂色釉。

第一类：黑釉。即纯黑釉，无花纹。釉面乌黑如漆，有的黑中稍稍泛青或泛红，上品者釉面肥厚温润。宋代也称"绀黑釉"或

宋 黑釉建盏 一品斋藏　　　　　宋 黑釉建盏 一品斋藏

宋 兔毫盏 观隐藏　　　　　宋 建窑油滴盏 大阪市立东洋陶瓷美术馆藏

"乌金釉"。

第二类：兔毫釉。这是建窑最为典型的釉面，以致人们常将"兔毫盏"作为建盏的代名词。兔毫釉指黑色的底釉中析出一根根细密的丝状条纹，形如兔子身上的毫毛。兔毫纹的形状有长有短、有粗有细，颜色也有金兔毫、银兔毫、黄兔毫、青兔毫等。如蔡襄《北苑十咏·试茶》中有"兔毫紫瓯新，蟹眼青泉煮"。陆游《入梅》诗中有"墨试小螺看斗砚，茶分细乳玩毫杯"之句。

第三类：鹧鸪斑釉（油滴釉）。从建窑遗址的残片判断，鹧鸪斑的残件数不足兔毫的十分之一。鹧鸪斑釉，也称油滴釉，指釉料中的二氧化铁遇不同温度呈现银灰、灰褐、黄褐色釉斑，形状一般为圆形或椭圆形，分布或密集或疏松，状如鹧鸪羽毛，或如水面上漂浮的油滴。北宋初年陶谷《清异录》中记载："闽中造盏，花纹鹧鸪斑，点试茶家珍之。"黄庭坚《满庭芳·茶》中写道："纤纤捧，研膏溅乳，金缕鹧鸪斑。"

第四类：曜变釉。曜变釉是建盏出神入化、登峰造极的一类，目前存世只有三只半。其特点是在黑釉里自然浮现大大小小的斑点，几个或几十个聚在一起，围绕着这些斑点四周还有红、金、蓝等彩色光晕，从不同角度看过去，有炫目的晕彩变幻，珠光闪烁，幽玄神秘，如群星璀璨，具有摄人心魄之美。

第五类：杂色釉。主要有柿红釉、茶叶末釉、青釉、龟裂纹釉、灰皮釉、灰白釉、酱釉等。

### 3. 最神奇的两个字：焕发！

宋徽宗说，建盏在使用时，有两点要注意：一是茶盏与茶量要匹配。如果盏高茶少，则掩蔽茶色；茶多盏小，茶汤要溢出来。二是茶盏要热，要先用热水或炭火把茶杯烫热，如果茶杯不热的话，点茶产生的浮沫就漂不起来，而这种漂浮起来的浮沫才是茶叶中的精华。漂上来的浮沫越多越好。

就这些？其实，这里面最关键的两个字没翻译出来，或者说没领会到。哪两个字？

焕发！宋徽宗说："盏色贵青黑，玉毫条达者为上，取其焕发茶采色也。"

有一年，梁慧从台北带回一批江有庭的茶盏。她带回的方式让我很好奇，她不是放在背包里背回来，而是放在怀里一路抱回来的。

有那么珍贵吗？江有庭，被称作"藏色天目第一人"，在茶艺界、美术界、陶艺界、收藏界等都享有盛名。天目茶碗即建盏，建盏为何叫"天目"我们后面会说到。"藏色"指色彩变幻的釉色。江有庭潜心钻研"油滴天目"三十年，烧制出彩色天目。彩色天目系以单纯氧化铁，采挂单釉方式烧制而成，烧出的色彩包括红、橙、黄、绿、蓝、靛、紫、金、银、多彩等，其色泽与纹样随着光线的强弱与照映的角度而千变万化，犹如来自苍穹的光耀藏在茶碗世界中，遂得"藏色天目"之名。

藏色天目具有纯粹的美感，不含任何意识或内容的传达，却可予人静观冥想的力量，进入静心安定、沉淀思虑的状态。

当我用这批茶盏喝过茶后，终于有了体会。同样的茶，在江有庭的茶盏里喝起来，更鲜爽，更柔和圆润，屡试不爽。

这就是宋徽宗说的"焕发"。所以说，光读书不行，要实践，实践出真知。

我后来经常这样实践，同样的茶，同样的水，用不同的器皿来喝，口感不一样。有一次这样说时，一朋友马上眼睛斜过来：胡说什么？你这是吃了饭没事干吧？

不信？现在就动手试试。找塑料杯、一次性纸杯、玻璃杯、不锈钢杯、陶杯、白瓷杯、青瓷杯各一只，倒入同一壶茶的茶水，来，喝喝看。

朋友眨巴眨巴眼睛，一脸不解，说：味道真的不一样。

**4. 南宋建盏之曜变**

但是，这么好的建盏，为何我们对其完全陌生了，甚至有人认为这是日本的物品？南宋"四雅"的其他三雅：插花的花瓶、焚香的香炉，一直以来为我们所珍惜，当成宝贝；宋画尤其，在国人心目中更是宝贝中的宝贝。唯有建盏，完全脱离了我们的视野，早就被我们遗忘了。

沉寂了几百年的建盏，某天突然来了个"咸鱼翻身"，吓了国人一大跳。

北京时间2016年9月15日晚,美国纽约佳士得"临宇山人"专场,一件南宋油滴天目茶盏,以150万~250万美元的不菲估价上拍,经过20多分钟的激烈竞价,最终以1030万美元落槌,加上佣金为1170.1万美元,约合人民币7800万元!

试想,一件南宋的建盏,拍得7800万元人民币。这个"天价"掀起了巨浪,国人纷纷回头重新审视这类宝贝。

这才发现,宋代建盏在国内少见,其归宿地竟然在日本。

日本将艺术品分为三个等级——国宝、重要文化财产、重要美术品,国宝无疑是最高等级。截至2022年12月31日,日本政府认定的工艺品国宝数量总共二百五十四件,其中陶瓷器十四件。这十四件中,八件是中国瓷器。八件中,四件是宋代建盏。

四件国宝,乃三"曜变"一"油滴"。

第一件:日本东京静嘉堂文库美术馆藏南宋曜变天目茶碗。

这只南宋时期的曜变天目茶碗,被公认为"天下第一碗",有"碗中宇宙"之称。1951年被定为日本国宝。

宋 曜变天目茶碗 静嘉堂文库美术馆藏

它高7.2厘米，口径12.2厘米，足径3.8厘米，束口，深弧壁，瘦底，浅圈足。外壁几乎无曜变斑，但内壁满布曜变斑点，或聚或散，分布不均，或呈梅花形，或呈蚕形。最神奇之处是它在光线照射下能发出七彩光芒，随着视角的改变，色彩光晕随之变化，给观者一种不可思议的感觉。

它的流传也颇有意思。前面我们说到织田信长的"名物狩猎"和"茶汤御政道"。织田信长与德川家康是发小，是同盟，还是儿女亲家。织田信长死后，他的家臣丰臣秀吉接替他掌权。丰臣秀吉统一日本后，德川家康向丰臣秀吉称臣。

德川家族亦信奉"名物狩猎"和"茶汤御政道"。这只曜变天目茶碗原为江户幕府第三代将军德川家光所藏，后被他赏赐给自己的乳母春日局。春日局将其传给了和她有血缘关系的稻叶家的子孙，所以这只曜变天目茶碗又被称为"稻叶天目"。到1918年，幕府时代早已结束，稻叶家历代相传的曜变天目茶碗不知何原因到了小野哲郎手里。1924年，小野哲郎将这只曜变天目茶碗送入拍卖行，最终以16.7万日元的价格卖给了岩崎家。当时的16.7万日元相当于125.25公斤黄金，以黄金克价450元人民币算，约等于5600万元人民币，也是相当唬人的价格了。

这位买主怎会如此有钱呢？岩崎家族是当时的财阀，后来创建了三菱集团。现在这只曜变天目茶碗名义上属于静嘉堂文库美术馆，但静嘉堂文库美术馆就是岩崎家族创立的，只是像三菱株式会社下属的一些企业一样，成为独立法人单位而已。

第二件：大阪藤田美术馆藏南宋曜变天目茶碗。

这件南宋时期的曜变天目茶碗，1953年被指定为国宝。

它高6.8厘米，口径12.3厘米，足径3.8厘米。造型、胎质及制作工艺均与静嘉堂那件基本相同。外壁有少量曜变斑，盏内密布油滴状曜变斑，斑纹结晶没有静嘉堂的那么显眼，但青蓝相间的斑点悠远深邃，让人有一种深夜中凝望壮阔星空的感觉。

藤田美术馆的渊源可追索到藤田传三郎。他是一个酿酒店老板的第四子，生活在变化剧烈的幕末明治时代。此人眼界过人，明治初年即投身于各种大型建设项目之中，赚得盆满钵溢，成了大阪财经界的领袖。

据说，藤田传三郎买文物从来不看价格，每天古董商带来很多东西，在他面前一字排开，他不询价，也不砍价，只说"要"和"不要"。他眼光极高，判断力惊人，豪气与眼力让大量珍贵文物进入他的库房。他家的收藏一直以质量过人闻名。藤田传三郎去世后，他的两个儿子藤田平太郎和藤田德次郎也都热心于收藏古董，著名的曜变天目茶碗就是其大儿子购买的。

当时买这只南宋曜变天目茶碗花了多少钱呢？1918年，藤田平太郎以53000日元的价格收购了这只茶碗。53000日元在今天不值多少，但是当时，1日元可以买750毫克黄金，也就是说，这只茶碗是用39.75公斤的黄金换来的。以黄金克价450元算，约等于1789万元人民币。

宋 曜变天目茶碗　藤田美术馆藏

按有记载的线索看,静嘉堂那件宝贝来自德川家第三代,但藤田美术馆这件直接来自德川家第一代德川家康,后传入德川家三大分支之一的水户德川家,被藤田家收入囊中后,一直保存在大阪的藤田美术馆。

第三件:大德寺龙光院藏南宋曜变天目茶碗。

2019年3月,春寒料峭,我去日本东京参加儿子的毕业典礼。知娘莫若儿,儿子第一站就将我带去了美秀美术馆。去美秀真心不容易,早上七点二十从神乐坂出发,转了五趟车,下午一点才到达。虽然美秀隧道口的桃花尚未开放,没能体会走进"桃花源"的味道,但非常幸运的是,美秀正在展出大德寺龙光院的藏品。其中就有这件曜变天目茶碗。

为何说非常幸运呢?全世界仅存的三只国宝级曜变茶碗中,大德寺这只作为佛器,最为神秘,几乎不公开示人,甚至日本放送协会(NHK)拍纪录片都无法借到实物录影。

与曜变天目的神秘相称,美秀将展厅的光线亦调得很暗。参观者从世界各地赶来,说不上拥挤,但队伍亦排得老长。在那个氛围

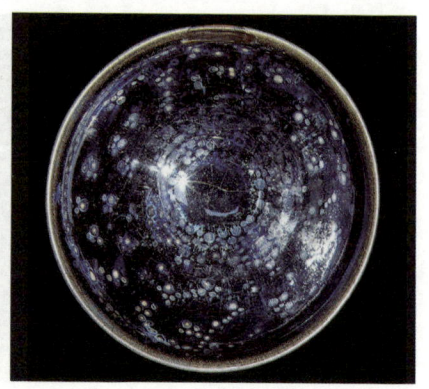

宋 曜变天目茶碗 大德寺龙光院藏

中，大家静默排队，每个人悄悄走到展柜前，慢慢绕一周，停留时间不能过长，要基本保持流动状态。如果觉得没看够，要重新排队走流程。

曜变天目茶碗单独放在展柜里，位置约在成人胸腹部，这个高度有利于全方位观看。终于轮到看时，我有种莫名的激动。虽然前一天就看了相关资料，但目睹实物，还是远远超出想象。儿子悄声说，你看泛着蓝光的釉面似乎是半透明的。真的是，幽蓝釉面时而半透明时而黝黑，白色斑点边缘的蓝晕，一圈一圈充满梦幻，深邃无比。总体感觉整个碗好像是活的，且与你的眼光有呼应感，会将你的心思全部聚集其上。

大德寺的这件曜变天目茶碗，1951年被指定为日本国宝。

它高6.6厘米，口径12.1厘米，足径3.8厘米。造型、胎质及制作工艺均与上述两件曜变茶碗基本相同。外壁无曜变斑，内壁布满油滴小斑点。这些斑点随着光线变化呈现出幽蓝光辉，内敛含蓄，安静深邃，别有一种"幽玄之美"，与禅宗"般若为本、以空摄有、空有相融"的教义颇为相合。

大德寺位于日本京都，创建于1325年（当时我国为元代），是日本极为出名的佛教禅宗寺院。创始人为宗峰妙超，而宗峰妙超的祖师是南浦绍明。南宋时期，南浦绍明在我国余杭径山寺求法，五年后把径山寺茶宴带到日本，大加推广，成为日本茶道的奠基人。

可想而知，南浦绍明从中国带回了大量的茶具，这些茶具有一部分流入了大德寺。大德寺还有一件国宝即南宋僧人密庵咸杰留存下来的唯一墨迹《法语·示璋禅人》。因此，有人猜测这件南宋曜变天目茶碗很有可能是南浦绍明带回日本的。

大德寺建立百年之后，曾因战乱损毁。一休大师以八十岁高龄主持重建。重建后，日本茶圣千利休、织田信长与丰臣秀吉等人都大力襄助，促成这个茶道中心比以往更为繁盛。织田信长死后，葬

国宝曜变天目
大德寺龙光院藏

国宝曜变天目
藤田美术馆藏

国宝曜变天目
静嘉堂文库美术馆藏

日本的三只曜变天目茶碗

于该寺。

　　大德寺的龙光院，是日本战国名将黑田长政（约为我国明末清初时期）的安葬之所，供奉有黑田氏的历代牌位。巧的是，创下建盏公开拍卖纪录的那只7800万的油滴盏，就传自黑田家。

因大德寺的许多宝藏都藏于龙光院，而龙光院又不对外开放，所以龙光院被称为不对外开放的藏宝阁。

龙光院的第一代住持为江月宗玩，他父亲津田宗是与千利休齐名的茶人。江月宗玩从父亲处继承了这只曜变天目茶碗，因此装此茶碗的盒子上书有"曜变天目江月宗玩"字样。此碗归江月宗玩所有后，再也未曾易主，成为龙光院镇院之宝，至今已作为佛器被供奉了四百余年。

**5.国内半只曜变的观看感受**

介绍了三只日本国宝后，再来说说"三只半曜变"的那半只。

2020年7月的一天，晴，杭州典型的闷热天气。一早，沿着净慈寺幽静的石阶往上爬，爬到山顶看到"净慈寺美术馆"时，已是一身大汗。歇一歇，转身望向西湖掏出折扇，平复一下心情。

心情确实有些激动，因为即将见到传说中的那半只曜变建盏，因是私人收藏，平时深藏不露，这是它首次展出。

这次，由净慈寺美术馆主办，浙江赛丽美术馆、杭州钦哲艺术中心协办的"慧日峰下——宋代僧家茶事"展在净慈寺美术馆开展。此次展览汇集了宋代茶事器物一百一十四件，器物类别囊括了盏、盏托、执壶、罐、渣斗、杂件等。其中最大的亮点便是国内仅存的半只南宋曜变天目残盏。

2009年上半年，在杭州市上城区原杭州东南化工厂地界，出土了几片南宋曜变残件。原杭州东南化工厂位于江城路与上仓桥路的交叉处，距离南宋皇城遗址很近。根据南宋皇城图，该地点当为南宋"都亭驿"所在地。都亭驿有点类似现在的国宾馆。

此地出土的瓷片标本涉及建窑、定窑、越窑、汝窑、吉州窑、当阳峪窑以及高丽窑等。尤其引人注目的是，这些瓷片上有大量刻画铭文。小部分铭文是在瓷器烧制前刻画的，大部分是在烧成后刻

宋 曜变建盏　杭州古越会馆藏

画的。铭文有"御厨""苑""后苑""殿""贵妃""尚药局"等。在一件建窑兔毫盏残件上，刻有"供御"两字。

　　由此推测，这里的瓷器很可能是进贡给南宋宫廷的。

　　出土的曜变建盏，由二十多片残片修复而成。口径为12.5厘米，高度为6.8厘米，虽然约有四分之一的部分残缺，但圈足几乎都保存下来了，圈足的做法与日本的三件国宝基本相同。日本大阪市立东洋陶瓷美术馆主任小林仁，曾对照实物，研究过静嘉堂文库美术馆和藤田美术馆的两件曜变建盏。他认为这半件与那两件较为接近，共同特征有：出现偏紫红色的光彩，部分曜变形成箍纹状的纵向线条，曜变斑纹不规则等。

　　这半只曜变一出现，便引起了轰动。一方面，国内终于发现了曜变建盏，既填补了空白，也稍稍缓解了国人对国宝流失的遗憾。另一方面，正因为是残件，才更能直观细微地看到它的断面结构、釉的厚薄度以及胎底的分层等等，为恢复曜变盏技艺开启了新的空间。

　　那么，在净慈寺美术馆，与半只曜变建盏面对面的感受如何呢？

　　前一年在日本美秀美术馆观赏大德寺曜变天目茶碗的记忆还历

历在目。这半件虽由残片拼成,但惊艳之感丝毫不减那件。两者都有深邃的黑釉底色,曜变在黑底上绚烂绽放,斑点浮游,大小不一,或聚或散,围绕斑点有幽蓝光晕时隐时现,随着角度不同有紫红和紫蓝光芒闪现,极其梦幻。每次回头看,梦幻还都不一样。相比之下,大德寺的更含蓄、更幽玄,而这半只曜变更明显、更绚烂。

**6. 南宋建盏为何成了日本国宝?**

细心的朋友看上面的介绍时,也许发现了一些名称上的不同。同一种曜变物件,叫法有建盏、天目茶碗、天目茶盏等,这是为何?

更有甚者,明明是南宋的物品,怎么倒成了日本国宝?

建窑建盏,始于唐末五代,盛于两宋。到了元代,喝茶方式开始改变,点茶不再占绝对的主导地位,建盏渐衰。明清以来,废团改散,喝茶以散茶为主,泡茶用小巧轻便的茶盅或茶壶,又黑又厚的建盏不再出现在人们的视野。

为何建盏会东流到日本呢?

南宋建都临安,即现在的杭州。浙江一带既是中日往来的主要港口,又是禅宗、名刹、名僧荟萃之地,很多日本僧人慕名前来,留学于浙江天台国清寺、宁波天童寺和余杭的径山寺等,较为出名的有荣西、南浦绍明、道元等。

饮茶之风最早起于僧人,借以提神以助打坐参禅。南宋时,寺院大都有自己的茶园,种茶、制茶、饮茶是僧人日常生活中的重要部分。日本僧人在学习佛法禅理的同时,也掌握了关于茶的种种。

当时,余杭径山寺的茶生活非常有名,南浦绍明在此学习五年后,把径山寺的"点茶""斗茶""茶会""茶宴"等茶文化带回了日本,同时带回的还有大量的茶器。日本茶道正是在此基础上产生并发展起来的。

对于带回日本的建盏,日本人为何称其"天目茶碗"呢?天目说的是浙江境内的天目山，该山脉长二百公里，宽约六十公里。因东、西两峰峰顶各有一池，长年不枯，宛若双眸仰望苍穹，得名"天目"。

天目山自晋起即为江南佛教名山。余杭径山因有径通天目而得名。其实径山为天目山余脉东北峰，所以又称北天目。在南宋，径山寺是五山十刹之首。

或许日本僧人们也知道建盏产自福建建州，但他们是从浙江天目山一带将其带回的，便将其冠以"天目"之名，而"茶盏"与"茶碗"实为同一种东西，叫茶碗或许更直观。

由此，建盏在日本被叫成了"天目茶碗"，并一直沿袭至今。现今日本茶道仍使用模仿建盏的茶碗。

### 7. 建盏与日本茶道

盏因饮茶方式而生，也因饮茶方式而亡。建盏伴随着点茶的流行而盛极于两宋，元代以后点茶逐渐被泡茶取代，建盏也随之退出我国的历史舞台。顶级建盏，国内鲜有，几乎无一例外东流到日本。在日本，因茶道盛行，点茶法沿用至今。作为茶道中的主角，天目茶碗的地位从未被撼动过。

时至今日，日本关于建盏的最早记载，出现在《君台观左右帐记》中。作者将足利义政将军家的收藏品著录造册，"君"指的是足利义政将军，"台观"是居室，"左右帐"是指室内的陈列。据说这本册子从能阿弥开始记，直到他孙子相阿弥才最终完成。完成时已经是十六世纪（约为我国明中期），是织田信长的时代了。

《君台观左右帐记》关于建盏记道："曜变天目茶碗乃无上神品，值万匹绢；油滴天目是第二重宝，值五千匹绢；兔毫天目值三千匹绢。"所以曜变天目不是现代才成为日本国宝的，而是自古如此。这也从另一个侧面解释了织田信长为何有"名物狩猎"和"茶汤御政道"的举措。

这也是日本能够保留大量南宋建盏完整品的根本原因。以至于现在,"天目"已成为黑釉一类陶瓷器的国际通用名词。

## （六）南宋"十二先生"你知道哪几位？

### 1. 宋仁宗的"仁",实至名归

宋仁宗有件小事被传为美谈。

有一天,仁宗在御花园散步,途中频频回头张望,众人都很奇怪,不知仁宗在看什么。等回到宫中,仁宗急忙跟妃嫔说:"快快,口渴得很,快拿热水来。"妃嫔边递水边问仁宗:"渴成这样,为什么刚才在外面不让人给你水喝?"仁宗说:"我回头看了好几次都没有看见镣子,如果问起来,他就会因为失职而受罚,所以就忍着不说。"这个故事记录在《宋稗类钞》卷一中,末了作者感叹"圣性仁恕如此"。

宋 佚名《春游晚归图》 故宫博物院藏

来看细节，宋仁宗屡屡回头张望的"镣子"，到底是什么？

有一幅宋画，上面正好画了个镣子，看了这个镣子，才能将宋仁宗屡屡回头张望的情景脑补齐全。

故宫博物院藏的《春游晚归图》，南宋绢本团扇画，作者不详。横25.3厘米、纵24.2厘米。小小一幅，却宽阔渺远，将一幅春游晚归的图景描画得栩栩如生。一官员头戴乌纱帽策骑春游归来，九个仆从相随。其中前面两个开路，栅栏显然是他们移开的。中间两个在马侧扶镫，后面五个各携椅、凳、食、盒等跟随。一队人马正缓缓通过柳荫道，走向城门。就在临进城的一刻，官员偏头回望，留恋春色之情展露无遗。

来看最后一个仆从，他挑了一副担子，担子前头是燃着炭火的镣炉，炭火上有两个汤瓶，显然是煮着水，随时候着点茶的。

后头是个大箱子，这个大箱子有个专门的名词，叫"都篮"。

都篮之名始于唐代，是用来贮藏茶器的。唐代煎茶所用的茶器很多，最多可达二十四种，需要特制的容器储存。陆羽《茶经·四之器》说："都篮，以悉设诸器而名之。以竹篾内作三角方眼，外以双篾阔者经之，以单篾纤者缚之，递压双经作方眼，使玲珑。高一尺五寸，长二尺四寸，阔二尺。"都篮的材质以竹子为主，以竹或木为框架，竹篾编织而成，尺寸可根据茶器不同而有所调整。

到了宋代，都篮的功能不变。都篮不仅外出时携带，家里也用。像《春游晚归图》那样由仆从挑着出去的，有梅尧臣《尝茶和公仪》"都蓝携具向书堂，碾破云团北焙香"，有蒋堂《新井歌》"而我时邀墨客去，松涧远挈都篮游"。写家里用都篮的，有刘挚的《煎茶》："饭后开都篮，旋烹今岁茶。"

其他宋画中也有都篮。宋徽宗《文会图》中，画面下半部几个茶童正在为主人备茶，坐于绣墩上喝茶的小童，前方有一件白色四方体箱子，即为都篮。都篮的门半开，隐约可见上下两层均排列着

宋 宋徽宗《文会图》（局部） 台北故宫博物院藏

茶具。

但对比《文会图》与《春游晚归图》中的两件都篮，后者明显比前者大，大了不止一倍。这是怎么回事呢？宋代士大夫们风雅，外出时，估计把茶具、香具、酒具、棋具等都放进去了。

这副担子，就是"镣子"。顺带将这个挑担子的人，也叫作"镣子"了。所以说镣子是提供现场烧水点茶的。宋仁宗口渴了自然频频回头找镣子。宋代士大夫阶层也有这个待遇。周必大《玉堂杂记》记道，翰林学士"禁门内许以茶镣担子自随"。

茶镣担子，一头是炉子，火红的炭上放着几个汤瓶，烧着水。另一头是都篮，一般来说里面有匙子、汤茶盘、撮铫、茶盏、熟水楪子等。这是宋代茶具的简易版。

这还简易版啊？喝个茶用到的器具居然要一副担子挑着，多麻烦!可不,宋代点茶可讲究了,要不怎么称得上"四雅"之一呢?

**2. 宋代点茶到底要用到哪些茶具?**

"十二先生"是也。

不是十二位先生,而是十二件茶具。南宋有一位非常风趣的茶人,具体名字不得而知,大家都叫他"审安老人"。他以白描画法画下了十二件茶具,根据每个茶具的作用、材质等特征,拟人化地

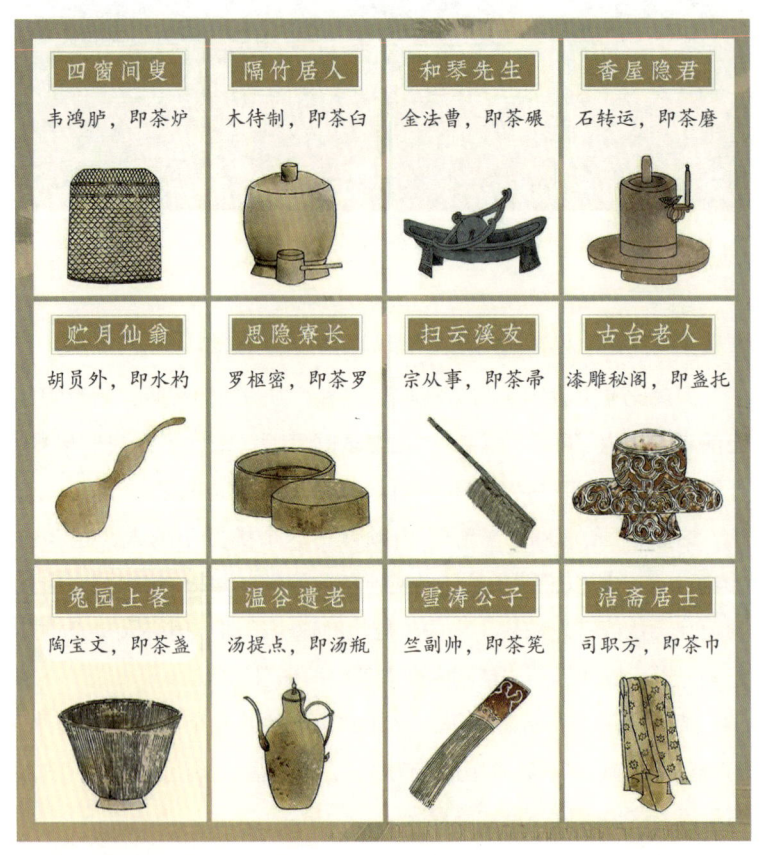

| 四窗间叟 | 隔竹居人 | 和琴先生 | 香屋隐君 |
|---|---|---|---|
| 韦鸿胪,即茶炉 | 木待制,即茶臼 | 金法曹,即茶碾 | 石转运,即茶磨 |

| 贮月仙翁 | 思隐寮长 | 扫云溪友 | 古台老人 |
|---|---|---|---|
| 胡员外,即水杓 | 罗枢密,即茶罗 | 宗从事,即茶帚 | 漆雕秘阁,即盏托 |

| 兔园上客 | 温谷遗老 | 雪涛公子 | 洁斋居士 |
|---|---|---|---|
| 陶宝文,即茶盏 | 汤提点,即汤瓶 | 竺副帅,即茶筅 | 司职方,即茶巾 |

审安老人《茶具图赞》

给它们取了有双关意味的名、字、号,并按照宋代的官制给茶具冠以职衔,称之为"十二先生",是为《茶具图赞》。

十二先生,分别为茶炉、茶臼、茶碾、茶磨、水杓、茶罗、茶帚、盏托、茶盏、汤瓶、茶筅、茶巾。这是宋人从长久热爱的点茶活动中总结出来的,值得挨个看一遍。

(1)茶炉:与烘烤咖啡豆同理

在日本京都大德寺,藏有南宋画师周季常、林庭珪绘制的《五百罗汉图》,其中有一幅名为"备茶"。画的右下方,一个炭框里有炭,一个架空的炉子里有茶饼,这是在烘茶。

茶饼大多产自南方,从潮湿的南方到北方,运输及存储过程中

宋 周季常、林庭珪《五百罗汉图·备茶》 大德寺藏

难免受潮。茶饼在碾之前，必须烘干，否则很难碾开。

烘茶的另外一层意义，爱咖啡的人士必知。生咖啡豆是没有香味儿的，只有在加热后，才能够闻到浓郁的咖啡香味。咖啡豆在高温烘烤下所产生的独特的色泽、芳香、风味，令人着迷。烘茶，原理一样。

烘茶时，炉子外面要罩一个竹编的茶焙笼，四围满布孔隙，以将茶饼烘透。

在"十二先生"中，称茶炉为"韦鸿胪"。

韦鸿胪：韦谐音"围"。鸿胪原为掌朝庆贺吊之官，这里取其与"烘笼""烘炉"音近。

名文鼎：文火之炉，炉火常温。

字景旸：旸为日出，取意始温。

号四窗闲叟：指四围满布孔隙。

宋 周季常、林庭珪《五百罗汉图·备茶》（局部） 大德寺藏

（2）茶臼：山童隔竹敲茶臼

大多数人知道"茶臼"这个词，是读了柳宗元这句诗："日午独觉无余声，山童隔竹敲茶臼。"午后，主人在午睡，四周万籁俱寂。隔着一片竹林，只听得山童敲茶臼的笃笃声。

但是，敲茶臼到底是个什么样的动作呢？

在茶炉上烘过的茶饼，虽然酥松了些，但还是一整块的。点茶点的是茶末。从茶饼到茶末，先要将大块整成小块。茶臼，乃捣碎饼茶之器。《五百罗汉图·备茶》中，左下角有个木制茶臼，将烘烤好的茶饼放入木臼，盖上盖子，用木棍敲碎茶饼，且用力敲也不会溅到外面，效率很高。

苏轼爱茶大家都知道，爱到哪种地步呢？苏轼人生最失意的时间段，莫过于被贬黄州的四年多。就在元丰四年（1081），也就是被贬黄州的第二年，大年初二，四十五岁的苏轼听闻好友公择将来造访，他提笔写信给他们共同的朋友陈季常，约他共来叙旧，这就是《新岁展庆帖》。信札中特意交代一件事："此中有一铸铜匠，欲借所收建州木茶臼子并椎，试令依朴造看。兼适有闽中人便，或令看过，因往彼买一副也。乞暂付去人，专爱护，便纳上。"这里有个铸铜匠，我想借你的建州木茶臼及茶椎，让他仿照这个样子做一个。以后看机会，如果有人去建州，还是要请他替我买一副来。

苏轼为了借一副茶臼和茶椎，在大年初二写了这封信，并派专人去取，如此在意茶具，其茶癖可见一斑。那么，令他兴师动众的建州木茶臼到底有什么魅力呢？苏轼的朋友秦观能给出答案。

秦观的《茶臼》，简直就是《新岁展庆帖》的注脚："幽人耽茗饮，刳木事捣撞。巧制合臼形，雅音俟杵桯。虚室困亭午，松然明鼎窗。呼奴碎圆月，搔首闻铮枞。茶仙赖君得，睡魔资尔降。所宜玉兔捣，不必力士扛。愿偕黄金碾，自比白玉缸。彼美制作妙，俗物难与双。"诗中把茶臼比作"白玉缸"，捣茶声如"雅音俟杵桯"，

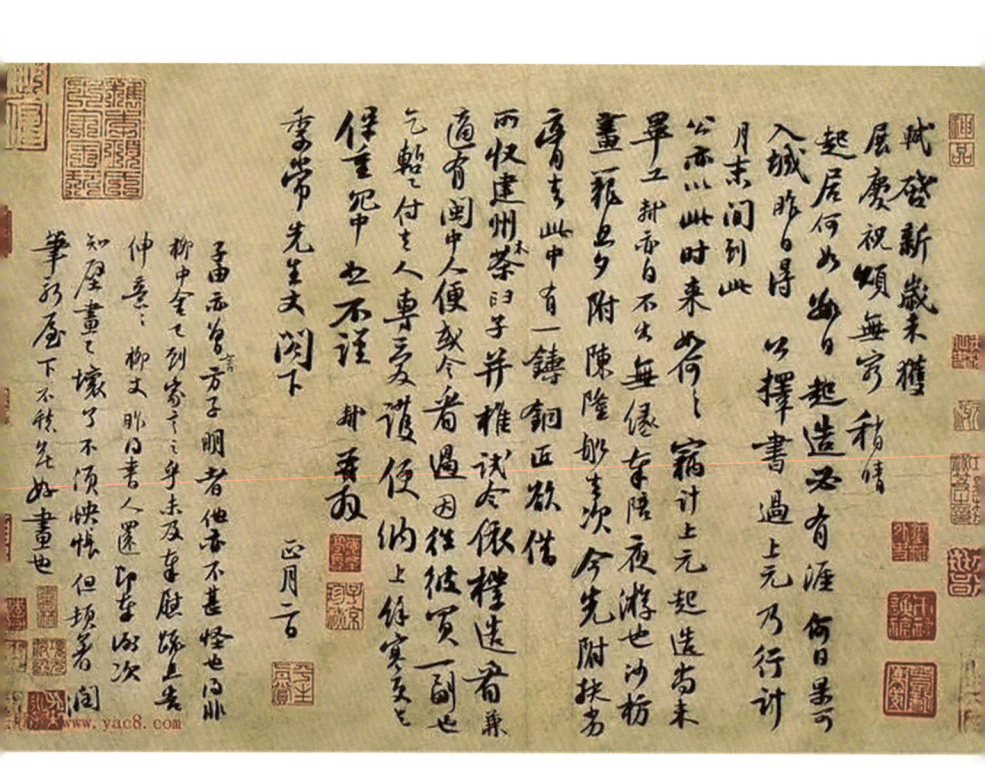

**南宋四雅**
书画器物中的南宋生活美学

宋 苏轼《新岁展庆帖》 故宫博物院藏

宋 青白釉擂钵、褐釉擂钵 青一阁藏（青白釉） 品曜馆藏（褐釉）
宋 新安沉船出水的龙泉窑青釉茶白及棒杵 韩国某博物馆藏（具体博物馆不详）

宋　周季常、林庭珪《五百罗汉图·备茶》（局部）　大德寺藏
宋　陶碾　杭州净慈寺藏

而用茶臼捣茶是"碎圆月"。

　　根据出土文物，茶臼除了木制臼形的以外，还有一种茶碗形的。

　　记得有一次在净慈寺美术馆看宋代茶器展，当看到一大一中两只碗里面全是粗糙的条纹时，很是不解，好好的碗，里面弄得如此坑坑洼洼是何意？看标牌，是"宋青白釉擂钵，宋褐釉擂钵"，还是不解。

　　后来看到韩国新安沉船出水器中，有一套龙泉窑青釉茶臼及棒杵，因有棒杵，一下子明白了其用途。

　　在"十二先生"中，称茶臼为"木待制"。

　　木待制：茶臼是木头做的，"待制"是典守文物之官职。

　　名利济：碎茶以利碾磨之用，故名利济。

　　字忘机：茶臼中空（心虚），无心则"忘机"。

　　号隔竹居人：捣茶紧接焙茶之后，茶臼与茶焙总是同时使用，

195

故号其为"隔竹居人"。

（3）茶碾：最吸人眼球的茶具

茶碾是现在宋代茶艺表演中最吸人眼球的茶具，一个小轱辘来回滚动，观赏性很高。

宋代茶碾"贵小"，要求碾槽深而狭窄，碾轮要薄且锐，这样才能边滚边将茶聚集起来，且尽量碾碎。

宋代茶人对茶碾很有感情。北宋时，西湖孤山隐士林逋有《茶》诗："石碾轻飞瑟瑟尘，乳香烹出建溪春。世间绝品人难识，闲对茶经忆古人。"范仲淹在《和章岷从事斗茶歌》中有"黄金碾畔绿尘飞"一句。南宋陆游的《昼卧闻碾茶》则曰："玉川七碗何须尔，铜碾声中睡已无。"不用真正饮茶，听到碾茶的声音就睡意全消了。

从这些诗句里，可得知：茶碾既有石质，也有金、铜等金属材质。其实还有木质的，唐代陆羽在《茶经》中主张用橘、梨、桑等木质茶碾。

但不同材质的茶碾还是有差异的。宋徽宗认为："碾以银为上，熟铁次之。生铁者，非淘炼槌磨所成，间有黑屑藏于隙穴，害茶之色尤甚。"而蔡襄的观点是："茶碾以银或铁为之。黄金性柔，铜及鍮石，皆能生鉎，不入用。"

在"十二先生"中，称茶碾为"金法曹"。

金法曹：茶碾以金属制成，故以"金"为姓。法曹是司法官吏，掌刑狱讼事。茶碾由碾槽和碾轮构成，《大观茶论·罗碾》道："凡碾为制，槽欲深而峻，轮欲锐而薄。"

名研古、轹古：取义于碾轮的碾轧。

字元锴、仲鉴：元锴喻铁制圆碾轮，仲鉴取义于碾茶时碾轮要居中。

号雍之旧民、和琴先生：碾茶时会发出声音，故为"和琴"。

### （4）茶磨：合适才是最好的

石磨，我们都熟悉。即使不熟悉，也在农村题材的电视剧中看眼熟了。我小时候见得最多的用法是磨豆腐。前一天泡下的黄豆，一颗颗饱涨发福。石磨由一个圆石盘、两个石墩子组成，下面一个石墩不动，上面石墩由人、动物或水力等推着打圈。两个石墩交接处有齿槽对接。使磨时，一人将一勺黄豆放入上面墩子的小洞里，转一圈后黄豆就磨成了白色的豆浆。白浆沿着下面的石墩周围流下，积到石磨中。

茶磨，道理一样，只不过体积小，由一人操作便可。经茶碾碾过的茶，颗粒尚太粗，需用石磨进一步磨成很细的粉末。

北宋时，大家爱用产自湖南耒阳的茶磨。这也许是受了黄庭坚的影响。黄庭坚是江西修水人，推崇家乡特产双井茶，经常把双井茶寄给朋友分享，并建议用耒阳石碨（即茶磨）来碾磨双井茶。如在《答德修都监简》中他说："近日治一耒阳石碨，甚精，亦可石碨双井奉寄，但未有庐山小沙瓶尔。比得人馈建溪，并得佳碾，时举一杯，极奉思也。"《答王子厚书》中他写道："今分上去年双井，可精洗石碨，晒干频转，少下茶白，如飞罗面乃善。煮汤烹试之，然后知此诗未称双井风味耳。"

但到了南宋，流行江西南安军上犹县出产的茶磨，认为南安的石头制作的石磨，用起来效果更好。北宋末南宋初的笔记作家庄季裕的《鸡肋编》里，对此有专门的介绍："南安军上犹县北七十里石门保小逻村出坚石，堪作茶磨，其佳者号'掌中金'。小逻之东南三十里，地名童子保大塘村，其石亦可用，盖其次也。其小逻村所出，亦有美恶。须石出水中，色如角者为上。其磨茶，四周皆匀如雪片，齿虽久更开断。去虔州百余里，价直五千足，亦颇艰得。世多称耒阳为上，或谓不若上犹之坚小而快也。"他认为，南安产的坚石最适合制作茶磨，用它磨茶，均匀细腻，磨下来的茶粉如雪片，

宋 刘松年《撵茶图》（局部） 台北故宫博物院藏

比耒阳茶磨好用。

南宋诗人赵蕃爱茶，曾乞求在南安的好友李使君寄一个产自当地的石茶磨给他。诗曰："臼捣纷纷何所如，碾成更自治家模。不尽粉身兼碎骨，为看落雪又霏珠。体用同归人力致，粗精孰愈磨工夫。旧闻此物独君地，要伴笔床能寄无？"这首《寄南安李使君》我读了好几遍，南宋人对茶的讲究及钻研真是无法不令人感佩。

到底哪种茶磨更好呢？南宋郑刚中《北山集》中有一篇《石磨记》，给出了答案。他说：邻居有一老头，将一个小石磨弃置在墙角，积满了灰尘。他偶然间看到，石磨的形制虽然不太精巧，但石头的纹理还是不错的。问老头为何弃之不用，老头说，这石磨不好使，磨出来的茶都是屑屑而不是茶末。我把石磨带回去，清洗干净。第二天用它来磨建茶，发现磨出来的茶极细。又取来上品的散茶试之，亦细。唯独磨粗茶时，跟老头说的那样出来的是粗屑。可能石磨的石头细腻而坚利，粗茶有老梗，与它的磨纹不匹配，所以磨不出来。但老头没有用它来磨过好茶，竟然就断定它不堪用，真是将好玉当成砖瓦了。

《石磨记》的本意，也许像宋代《伤仲永》一样，有借物喻人的寓言意义。但就事论事，也给我们科普了一个宋代茶磨的小常识，即茶磨的石质、齿槽设计是有讲究的，需根据茶的粗细程度不同，来选择茶磨。否则，会出现暴殄天物的情况。

在"十二先生"中，称茶磨为"石转运"。

石转运：茶磨以石为之，故即以石为姓。转运乃"转运使"的略称，转运取义于茶磨的运转功能。

名凿齿：磨必有齿，故名"凿齿"。

字遄行：磨的工作是不停地旋转，故以"遄行"为字。

号香屋隐君：以石屋喻石磨，香茶出自石磨，故号"香屋隐君"。

（5）水杓：舀出一轮明月

苏轼被贬海南岛儋州时，已六十一岁了。年逾花甲，万里投荒。"而臣孤老无托，瘴疠交攻。子孙恸哭于江边，已为死别；魑魅逢迎于海外，宁许生还。念报德之何时，悼此心之永已。俯伏流涕，不知所云。"苏轼意识到此一去或许就回不来了，把身后事向长子苏迈做了托付，只带着小儿子苏过出发。

黄庭坚最艰难落魄时，是香陪伴他度过的。苏轼最艰难落魄时，则是茶陪伴了他。

苏轼初到儋耳（即儋州）时，因是贬官，无处安身，父子俩只得露宿在城南的桃榔林中。一代文豪，老病交加，露宿树林中，读历史到伤心处，真是凄凉无语。后有仰慕苏轼者来任地方官，借给他官舍伦江驿馆数间，供父子俩聊蔽风雨。后朝廷官员到访雷州，得知此事，苏轼父子又被逐出官舍。无奈，只得在友人资助下，在城南天庆观旁买曾氏地，起屋五间。

儋州无山，好的井泉少之又少。好在天庆观中有一口井泉不错。"百井皆咸，而醴醍湩乳，独发于宫中"，这口井泉"味美，色白如乳"，于是苏轼为之作《天庆观乳泉赋》。他在写给琼州学士姜唐佐的信中说："今日雨霁，尤可喜。食已，当取天庆观乳泉，泼建茶之精者，念非君莫与共之。"取天庆观的乳泉，用来点上品建茶。可惜蔡襄不在这里一起享用。

也许，天庆观乳泉只是不咸而已，但彼时彼景，对于困境中的苏轼而言，无异于甘霖。他珍视这汪清泉，"吾尝中夜而起，挈瓶而东，有落月之相随，无一人而我同。汲者未动，夜气方归"。他曾于半夜起床，带了水瓶往东走，一路上有下落的月亮相随，而无一人同行。打好水一动不动地享受这月落之夜的清寂，直到夜间的清凉之气上来了才回家。

这样的文字，实在比《赤壁赋》更打动我。因为那个在月落之夜踽踽独行的老者苏轼，是在打发他的不眠之夜。不眠之夜，只想饮口好茶。身处儋州的苏轼，有无数个不眠之夜吧。

在又一个不眠之夜，他又去取水。《汲江煎茶》道："活水还须活火烹，自临钓石取深清。大瓢贮月归春瓮，小杓分江入夜瓶。"白天的江水，因人畜活动难免污浊，到了夜晚，在月亮清辉下，江水荡尽浊气。苏轼提着水瓮，带着水瓢，来到江边的钓鱼石上，汲取江中清水。

此时，一轮明月悬挂天上，月影倒映江中，分外澄澈。苏轼或许是想到了唐代张若虚的《春江花月夜》："人生代代无穷已，江月年年望相似。"发一会儿呆，开始舀水。

水瓢一下去，打破水面的平静，月亮碎成了很多个。用大瓢舀水，好像把水中明月亦舀到水瓮里了。再用小杓将水瓮里的水舀入煎茶的汤瓶里，准备烧水。

这是煎茶前的准备动作，写得很细致、很形象，其间的趣味与享受，或许是老天对爱茶人苏轼的奖赏。

让我们把特写镜头对准那把小杓。舀水用的水杓，一般用葫芦瓢。在"十二先生"中，称水杓为"胡员外"。

胡员外：老葫芦剖开制成瓢（匏瓢），故以胡为姓。员外是员外郎的略称。葫芦乃圆形，员外谐音其形。

名惟一：《尚书·大禹谟》有段文字："人心惟危，道心惟微。惟精惟一，允执厥中。"人心动荡不安，引导人心进退的大道也显得微弱不堪。从个人的角度讲，无论环境怎样动荡，认定历史发展的正道，坚持自己的做人做事的原则，做最好的自己，即"惟一"。水杓在茶事中的地位不高，只能算是辅助的茶具，然而不能因为地位不高就自轻自弃，相反还要坚持把属于自己的分内事做得最好，因此名惟一。

字宗许：恰好的容量，得心应手的感觉，备受赞许。

号贮月仙翁：夜晚用瓢在月下汲水，月映瓢中，恰似贮月而归，故号"贮月仙翁"。显然，这是受了苏轼"大瓢贮月归春瓮，小杓分江入夜瓶"的影响。

**（6）茶罗：用茶罗筛选客人**

宋仁宗时期有位著名的宰相叫吕夷简，他的第三个儿子叫吕公著。吕公著后来也成了哲宗朝的宰相。吕公著为人庄严持重，喜好

唐 鎏金仙人驾鹤纹壸门座茶罗子　法门寺博物馆藏

佛学，不愿结交权贵。但盛名之下，吕府自然是车水马龙。南宋周辉在《清波杂志》里记载了一件小事：吕府待客的茶罗子分为金、银、棕榈三个等级，常客来了用银罗子，宫里来人则用金罗子，要是朝廷要员来了，用的是棕榈罗子。目的是告诉那些朝廷大臣，吕府生活很是节俭。所以每当家里来客人，吕府的下人和小孩都喜欢悄悄躲在屏风后面，看老爷取什么茶具，以此判断客人的身份。

　　茶罗子到底是个什么物件？

　　茶罗子是用来筛茶的。茶饼碾成末后，要筛一筛，否则粗末夹在里面，点茶时不能很好地发茶。

　　讲究的茶罗子是一个组件。以唐代法门寺地宫出土的鎏金仙人驾鹤纹壸门座茶罗子来说，整组是一个长方体盒子，由盖、罗、罗架、屉、器座五部分组成。罗、屉均作匣形。罗分内外两层，中夹罗网，用来筛茶。下层的屉用来承接筛下的茶末，屉有环状拉手，便于取茶末。长13.4厘米,宽8.4厘米,通高9.5厘米,重1472克。

在"十二先生"中,称茶罗子为"罗枢密"。看图示,宋代的茶罗子只是一个简单的圆形筛子。圆框屈竹而为之,现在的竹制蒸笼还能看到这种工艺。屈竹而围的那层网状物,叫"罗",用来过滤细的粉末或流质,留下粗的粉末或渣滓。

茶罗怎样的算好呢?蔡襄《茶录·茶罗》道:"茶罗以绝细为佳。罗底用蜀东川鹅溪画绢之密者,投汤中揉洗以幂之。"

四川省绵阳市盐亭县西北部,在唐代时是鹅溪镇。当地重桑事,所产丝绸质量非常好,地方官献于宫廷,得到皇帝的嘉许,赐名"鹅溪绢",并命岁岁朝贡。鹅溪绢到了宋代仍非常有名,书画家尤重之。画竹名家文同曾言:"拟将一段鹅溪绢,扫取寒梢万尺长。"

用"鹅溪绢"过滤的茶末,其细腻度可想而知。

罗枢密:罗筛,以罗为姓。枢密是枢密使的略称,掌军国机密要务。茶罗绢纱细密,与枢密谐音。

名若药:茶罗如同要塞,谐音"若药"。

字传师:筛选标准要正确,正如教师育人。

号思隐寮长:指细者皆能隐没。

(7)茶帚:蓑衣的近亲

南宋刘松年的《撵茶图》,左下角的一位男侍跨坐在长方形的小几上,手推茶磨,将碾过的茶进一步磨成粉末。从茶磨周围形成一股粉尘状的气雾可以看出,研出的茶末颗粒极细。茶磨边上还有一枚棕刷,用来将碾磨过的茶末清扫归拢,放入磨心,再一次碾磨。经过多次碾磨后的茶末,用棕刷收集,放置到桌上的分茶罐中,以备点茶之用。同理,《五百罗汉图·备茶》中,在茶碾旁也有这样一把茶帚。

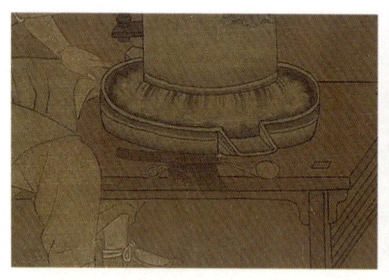

宋 刘松年《撵茶图》（局部） 台北故宫博物院藏
宋 周季常、林庭珪《五百罗汉图·备茶》（局部） 大德寺藏

  茶帚是用棕毛做的，与蓑衣同一种材料。用棕毛清扫，尘末不易飘浮在空气里。棕毛既柔软又有一定的硬度，很容易把茶磨或茶碾角角落落清理干净。还有个特点很重要，棕毛防水。在点茶的环境里，防水很重要。以前的雨衣就是用棕毛编织而成的，叫蓑衣。蓑衣不仅避雨效果好，而且空出的两只手可以干活。不仅农夫喜欢，渔夫雨雪天垂钓时也常披之。晚唐诗人郑谷《雪中偶题》写道："江上晚来堪画处，渔人披得一蓑归。"

  在"十二先生"中，称茶帚为"宗从事"。

  宗从事：茶帚用棕丝制作，宗、棕同音，故以宗为姓。从事乃辅佐州官之吏，而茶帚亦为辅助之用具，故称"宗从事"。

  名子弗：茶帚用于清扫，故名"子弗"。

  字不遗：茶帚聚其散落，是为"不遗"。

  号扫云溪友：指运寸毫而使边尘不飞。

  **（8）盏托：有的竟然是空心的**

  关于盏托，有个故事。说是唐代名将崔宁有个女儿，她饮茶时总是烦恼茶盏太热会烫伤手指，于是取来蜡油将其融化，围绕茶盏底部浇了一个圆环，蜡油凝固后，将茶盏固定在蜡环上，既不会烫手,又不至于在茶盏倾斜时导致茶汤外溢,效果令人满意。后来就在圆环上涂漆,做成了一个漆器。崔宁喜欢女儿的发明,将圆环取名为"托",不久就流传开了。这个故事记录在南宋程大昌的《演繁露》中。

但从出土情况看,其实盏托早就存在了。应该说自从有杯、有盏,就有烫手问题。只不过早期的盏托基本为平底的托盘,有的甚至直接将杯盏与托盘一体制作。到了唐代,饮茶之风渐盛,盏托开始从其他功能中脱离出来,成为专用的品茶器皿。

到了宋代,宋人点茶时,要用茶筅在茶盏里击拂,盏托能较好地防止烫手。再说,宋人流行用建盏,建盏圈足小,极难放置,所以盏托成为必需品。

在我的认知体系里,盏托是实心的,其本身可以是一个托盘。但某天在德寿宫遗址博物馆看到一个南宋官窑遗址出土的盏托,竟然是空心的。原来,宋代以来盏托中央的托环逐渐增高,为配合各种尺寸的茶盏,托环口干脆开放,呈空心状。如此一个盏托便可随主人的审美喜好搭配各种茶盏。

盏托传入日本后,又被叫作"天目台",与"天目茶碗"是同一组叫法。

在"十二先生"中,称盏托为"漆雕秘阁"。

漆雕秘阁:宋代盏托多木制,大概取其隔热与轻便。讲究的盏托施漆,且在层层刷漆积累到一定厚度的基础上,在漆上用刀剔刻出云钩、香草等图案花纹,叫"漆雕"。秘阁指尚书省,又可指皇家藏书馆。阁、搁同音,故称"秘阁"。

名承之:盏托用以承搁茶盏,故名"承之"。

字易持:方便端用,是为"易持"。

号古台老人:指有托台。

**南宋四雅**
书画器物中的南宋生活美学

东晋 德清窑黑釉耳杯盘 浙江省博物馆藏
宋 各种盖托 观隐藏

宋 官窑粉青釉茶盏托 杭州市文物考古研究所藏

宋 刘松年《撵茶图》(局部) 台北故宫博物院藏

（9）茶盏：多多益善还是精其一二？

茶盏即喝茶的盏。我们前面已详细介绍过。

老茶客都经历过一个过程，即看到喜欢的茶盏移不开步，买买买。到后来桌子上、抽屉里、柜子内都是茶盏，各式各样连自己都搞不清到底有多少种类。然后，到了某一天，心思突然干净，择一二长久用之。

陶宝文：茶盏一般为陶瓷质，故以陶为姓。宝文指宝文阁，为皇家藏书馆。盏、托配套，托为秘阁，则盏当为宝文。

名去越：唐、五代煎茶，茶盏最重越窑青瓷。但宋代点茶，最重建窑黑瓷，舍越窑而用建窑，故名"去越"。

字自厚：建窑盏"其坯微厚"，故字"自厚"。

号兔园上客：兔毫盏是建盏中最为典型的一种，因号"兔园上客"。

（10）汤瓶：搞清楚了一个长期困扰我们的问题

有一种壶，曾令我大感不解。明明样子差不多，但各博物馆的展示标牌上，名称各不相同，如注子、军持、注壶、偏提、汤瓶、军墀、君迟、群持、捃稚迦、净瓶等。

这种壶一开始的翻译名叫"军持"。军持是从印度佛经中翻译过来的，意为"水瓶"。僧人游方时携带，贮水以备解渴或净手。后来，军持成为穆斯林们随身必备的水瓶。穆斯林特别讲究卫生，有不用"回头水"的常规，这种大肚小嘴的水瓶使用起来既卫生又方便。汤瓶壶嘴较小，使用时倒出来的水流很细，也体现了穆斯林的节俭精神。

历史上穆斯林东迁时，不是一下子全部过来的，而是前前后后陆续来的。一些走在前面的穆斯林，沿途驻扎，给后来的人准备住宿吃喝，但怕后来的人不知道哪一家是穆斯林，就把军持放在窗台上，让后来的人一看就知道。但军持实用，放一个，被人偷走一个。

后来他们想了个办法，在木板上画一个汤瓶放在门口，久而久之，军持就成了穆斯林的符号。

穆斯林的军持，传入我国后有多种用途，装水、装酒等，名称如前所列举的，也多种多样。

军持是如何演化成"汤瓶"的呢？

根据《唐书·肃宗本纪》，至德二年（757）九月，"安史之乱"的最后关头，"元帅广平王统朔方、安西、回纥、南蛮、大食之众二十万，东向讨贼"。唐军是一支包括阿拉伯士兵在内的联合部队，人多势众，战斗力强，经过两个月激战，击溃叛将，于十月先后收复长安、洛阳，安史之乱逐步平息。但这次大战中，大食（即阿拉伯）部队到底派兵多少，部队在叛乱平定后留居中国还是遣返阿拉伯，历来中外学者众说纷纭。在内地回民中广泛流传的说法是，唐代安史之乱时，大食王曾派三千至四千名士兵助唐平乱，事后唐肃宗将这批士兵赐居长安，为其修建清真寺，准其娶中国妇女。

宋　越窑瓜棱形执壶　留云阁藏
宋　宋徽宗《文会图》　台北故宫博物院藏

更细节的说法是，唐肃宗命令工匠，依照军持式样，制作了一批金、银、铜壶，按级别分发，供他们日常洗漱之用。这种壶口小腹大，当时的人们习惯称其为"瓶"。因是唐皇赐予，又叫"唐瓶"，后来谐音叫成了"汤瓶"。

到了宋代，军持被叫作汤瓶，广泛用于点茶。

为适应宋代斗茶的需要，汤瓶的"流"和"壶嘴"发生了小小的改变。宋徽宗在《大观茶论》中说："注汤害利，独瓶之口嘴而已。嘴之口差大而宛直，则注汤力紧而不散；嘴之末欲圆小而峻削，则用汤有节而不滴沥。盖汤力紧则发速有节，不滴沥则茶面不破。"为此，壶流一改唐代的挺直粗短而变得曲长，以避免注汤时力道太冲，而使水流呈抛物线状。壶嘴的出水口变得圆而小，这样才能使壶嘴在出水时落点准确，收放自如。同时，壶的执柄开始加长，几

宋 汝窑青瓷莲花式温碗　台北故宫博物院藏
宋 青白釉狮钮盖瓷注子、温碗一副　海宁市博物馆藏

与壶嘴齐平，或高于壶嘴，如此设计，减少了人体手臂上扬的幅度，注水点茶时，尽在掌握中。

如此，比之唐代执壶的敦朴丰满，宋代汤瓶更显挺拔秀气。

还有一个改变，即增加了一个大碗。从出土文物看，汤瓶就放置在大碗里，配套使用。我第一次见到这类大碗，是在台北故宫博物院，那个汝窑莲花大碗实在是太美了，端庄大方又不失妩媚，看标示牌，是"温碗"。当时十分不解，一个碗再大，放的热水究竟有限，又是敞口的，热气一下子跑光了，"温"的作用微乎其微。后来在浙江省博物馆看到一副青白釉狮狮钮盖瓷注子、温碗，见两者基本贴合，更觉得放热水温瓶几乎是不可能的。

这次梳理茶具才搞清楚，这个大碗不是"温碗"，而是"瓶托"。汤瓶直接在炭火上烧，水煮开了直接拿去点茶，使用时因温度太高而易烫手，因此宋代出现了与汤瓶配套的瓶托。瓶托大多呈直腹深碗形。如此，注汤点茶更加安全。

在"十二先生"中，称汤瓶为"汤提点"。

汤提点：注汤用的汤瓶。提点乃宋代武官提举点检的略称。提瓶点茶，故称"提点"。

名发新：汤瓶盛以新泉活水，故名发新。

字一鸣：煮水候汤，汤响松风，故字一鸣。

号温谷遗老：瓶盛热水，故号温谷遗老。

（11）茶筅：手势即口感

茶筅，我们如今很陌生了。看宋画中的茶筅，我马上想起小时候家里洗刷锅子的筅帚，也是竹制的，形状一模一样。锅子，不管铁锅、铝锅还是不锈钢锅，炒菜煮饭后往往有残渣黏附其上，用筅帚一刷马上下来，效果很好。我刚成家那会儿，我妈来我家还经常嘀咕：家里少了个筅帚。

筅帚肯定不是我家的发明。清代《红楼梦》就说到它了。第

点茶篇

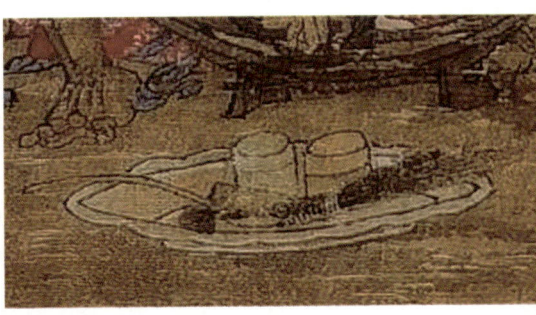

宋 刘松年《撵茶图》（局部） 台北故宫博物院藏
宋 周季常、林庭珪《五百罗汉图·备茶》（局部） 大德寺藏

茶筅（年代不详） 积原居藏
宋 刘松年《撵茶图》中的茶筅 台北故宫博物院藏

三十八回"林潇湘魁夺菊花诗，薛蘅芜讽和螃蟹咏"中，描写栏杆外另放着两张竹案："一个上面设着杯箸酒具，一个上头设着茶筅、茶盂各色茶具。"脂砚斋在旁有批注，说茶筅是"破竹如帚，以净茶具之积也"。

211

茶筅，破竹如帚，不就是我们昌化人说的"筅帚"吗？！功用也完全一致。

从一极雅的、宋徽宗亦亲自手拿点茶的茶具，到极俗的、平民用以洗刷厨房污垢的工具，茶筅是从何时开始堕落的？跟建盏一样，随着点茶的式微，从元代起，茶筅就退出了人们的视野。但是与建盏不同的是，人们发现了其另一种用途，因竹丝有一定的硬度，又不至于硬到损伤器物，所以用于清理残羹冷炙正好合适。

但在日本，茶筅仍维持着其优雅。南宋时，点茶传入日本，逐步形成茶道。日本茶道对茶筅进行了改良，竹穗（即竹丝）分内外两层。根据不同浓薄品质的抹茶，其竹穗条数亦不同，分为平穗（16本）、荒穗（36本）、百本立（100本）、百二十本立（120本）等等。日本奈良高山乡是著名的纯手工茶筅产地，历来享有盛誉。

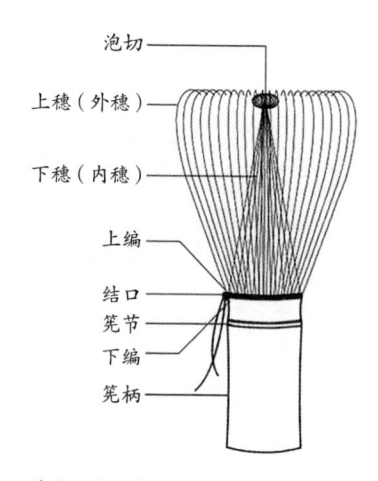

茶筅结构示意图

那么茶筅作为激发泡沫的功用彻底从我们生活中消失了吗？不，历史的好玩之处就在于兜兜转转你不知道什么时候又碰上了。某天学做蛋糕，要将蛋清打出泡沫。初学者心切，用两根筷子打要打很长时间，手酸到不行，非常吃力。三根筷子效果好一点，四根更好，但手上协调起来有难度。终于不耐烦了，还是买个"打蛋器"吧。

搜了下"打蛋器"，哑然失笑。其造型，像不像日本茶筅？估计设计灵感来自日本茶筅。

在电视上看日本茶道时，虽然动作有高度的统一规范，但人不同，动作的可观度还是不一样。尤其用茶筅在茶碗中击拂这组动作。有的人只感觉他在茶碗里捣鼓，茶筅是没有生命的一截东西，在没头没脑乱戳。而在影片《日日是好日》中，树木希林饰演的茶道老师手法娴熟，手腕与茶筅气脉相连，动作流畅而富有美感。这样点出的茶，想必味道也圆融醇厚。

要说动作最美妙的，莫过于宋徽宗了，我们虽无法见到宋徽宗怎样运作茶筅，但仅读他的文字，已经很享受。他在《大观茶论》中说："茶筅以筋竹老者为之，身欲厚重，筅欲疏劲。本欲壮而末必眇。当如剑脊之状。盖身厚重，则操之有力而易于运用。筅疏劲如剑脊，则击拂虽过而浮沫不生。"茶筅要选用苍劲的老竹来制作，根粗厚重，梢部被剖开形成众多竹丝。从宋画看，宋代茶筅是平行分须，日本茶道用筅则是圆形分须。

点茶时用茶筅快速搅动，使得茶末和水相互混合成为乳状茶液，表面呈现丰富的白色泡沫。同时，用茶筅击拂茶汤时，还能梳理茶汤水纹，使茶汤更具视觉审美效果。正如《大观茶论》中说的那样，"以汤注之，手重筅轻，无粟文蟹眼者，谓之静面点"。要想点茶成功，则需"手轻筅重，指绕腕旋"，这样才能达到"疏星皎月，灿然而生"的理想效果。

在"十二先生"中，称茶筅为"竺副帅"。

竺副帅：茶筅截竹为之，竺、竹同音，故以竺为姓。茶筅配合汤瓶点茶，用于击拂，故称副帅。

名善调：茶筅调制茶汤，故名善调。

字希点：用于茶盏内击拂，是为希点。

号雪涛公子：茶筅击拂后茶沫洁白如雪，所以号雪涛公子。

（12）茶巾：收拾与整理心情

有一次听人说到茶巾，大大出乎意料。

他说，原来他十分不在意茶巾，认为可有可无，或许用一次性

宋 宋徽宗《文会图》（局部） 台北故宫博物院藏

纸巾更省事。后来碰到一个茶人，见他泡茶时，不断用到茶巾，每次用一下，都要方方正正叠好。用完茶清洗好茶巾后，更是噌噌噌仔细拉平展，晾好。他当时突然体悟到，这位茶人在摆弄茶巾时，每次都是心情的收拾与整理。

　　茶巾，又称为洁方。放在事茶人的胸前或手边，随时用于擦拭桌面、茶具或沾滴在桌面的水渍。

　　茶是至清至洁之物，品茶环境的整洁干爽尤为重要。若茶桌上到处是茶水、茶渍，茶具上污渍随显，难免给人不洁之感，影响品茶心情。只有保持整个茶台的整洁，才能让自己和客人敞开心扉安享茶味。小小茶巾，默默体贴穿梭于整个点茶过程，不起眼，却必不可少。

　　在行云流水般的点茶过程中，茶巾的一个垫、吸、擦、拭，一个稍微的停顿或停留，是对茶事洁净清爽的亮相，也是对行茶流畅痛快的节制。凡此种种细小动作，都是茶事日积月累出来的温厚之美。

所以说，点茶时，主客未曾交流，仅观手中一方小小茶巾，足以从中窥到雅俗。

日本茶道鼻祖千利休，曾有一个关于茶巾的故事。当时一位乡下茶人曾带话给千利休，说想拿出一两金子来请千利休帮忙给买几样茶道具。千利休给这位茶人去了一封信，信上写道："这一两金子一文不剩地全部用来买白布吧。对于静寂的茶庵来说，没有什么都可以，只要茶巾干净便足够了。"

日本电影《日日是好日》中，典子学茶道就是从叠茶巾开始的，从头到尾十几个动作，一个个细节都要记得十分清楚，要练到手指自身有记忆。或许，人生的意义并不是凭空想出来的，更需要我们真正动手去做，才能发现其中的魅力。

在"十二先生"中，称茶巾为"司职方"。

司职方：茶巾以丝或纱织成，丝、司同音，故以司为姓。职方源于《周礼》之官，宋代尚书省所属四司之一。职谐音织，方指方巾，丝织方巾，故称之职方。

名成式：其功能在于拭净茶具，拭、式同音，故名成式。

字如素：因其素朴，故字如素。

号洁斋居士：茶巾供清洁茶具用，故号洁斋居士。

## （七）点茶心得知多少？

### 1.苏轼示范"煎茶""煮茶""点茶"的区别

茶叶、水、茶具都已备好，终于可以开始喝茶了。

先来看看苏轼是怎么喝茶的。

前面我们说到苏轼的《汲江煎茶》："活水还须活火烹，自临钓石取深清。大瓢贮月归春瓮，小杓分江入夜瓶。雪乳已翻煎处脚，松风忽作泻时声。枯肠未易禁三碗，坐听荒城长短更。"

喝茶讲究人苏轼，认为好茶必须用活水、活火。活水指流动中的水，活火指有火苗的火。苏轼在半夜里前去江边的钓石上打水，一轮月亮映在江面上，大瓢舀水时好像将月亮也舀进了水瓮。然后用小杓舀进汤瓶，开始烧水。

"雪乳已翻煎处脚，松风忽作泻时声"是倒装句，其实是"煎处已翻雪乳脚，泻时忽作松风声"。一个"煎"字，说明这次是煎茶而非点茶。点茶需要的茶具多，而苏轼独自一人来江边喝茶，带的肯定是最简易的茶具。

活火烧活水，水开了，放入茶末不断搅动。哎，先来个暂停键：到底是水开了放茶末，还是冷水即放茶末？

水开了再放茶末，叫"煎茶"；冷水即放茶末，叫"煮茶"。既然苏轼的题目叫《汲江煎茶》，应该是水开了再放茶末。

煎茶这个事，可以很简单。水开了放一撮茶末进去，搅动一下就成了。但若是讲究起来，需分三步。第一步：当瓶内的水煮到出现鱼眼大的气泡，并微有沸水声时，是"一沸"，这时要准备投茶。第二步：当水煮到瓶的边缘出现连珠般的水泡往上冒时，是"二沸"，这时需舀出一勺开水放在一边，瓶内用竹夹等工具在水中搅动使之形成水涡，再用量茶小勺取适量的茶末投入水涡中心。第三步：待水面波浪翻滚时，是"三沸"，这时将原先舀出的一勺水倒回瓶内，使开水停止沸腾。此时，锅内茶汤表面即生成厚厚乳沫。这些乳沫就是茶汤的精华。

赶紧回来看苏轼的茶煎到哪个环节了。"雪乳已翻煎处脚"，"脚"指茶脚，乳沫抓住茶汤的那个样子。《茶录》上说："凡茶，汤多茶少则脚散，汤少茶多则脚聚。""雪乳"指煎茶时汤面泛起的细白乳沫。

眼见得雪白的乳沫已经翻上来，月光下天地寂静，独独这一缕茶香袅袅，真妙啊。终于可以倒出来喝了，"松风忽作泻时声"，四周太安静了,当茶煎好注入茶碗时,呼呼之声有如松间之风吹拂,太动听了。

为何这两句要倒装呢?以"雪乳""松风"二词置于句首,入眼就是雪色皎洁,闭目则闻松音如涛,不愧是苏轼的手笔!

有一幅画,正能形象地展示苏轼煎茶的样子。

宋人摹唐代阎立本的《萧翼赚兰亭图》中,左边一老一小正在

宋 摹唐代阎立本《萧翼赚兰亭图》 台北故宫博物院藏

宋　周季常、林庭珪《五百罗汉图·吃茶》　大德寺藏

煎茶。老者络腮胡，蹲坐蒲团上，弓腰凑在风炉前，炉子透出红光，锅内的水似乎已经沸腾，刚放下茶末。最有趣的是老者的表情，只见他左手拿着锅柄，右手拿着茶夹，兰花指翘着，鼻孔微微朝天，眼睛眯起，耷拉眉毛，一脸沉醉，正专心嗅着茶的香气，等着出茶的最佳火候。看来已是"雪乳已翻煎处脚"。

　　老者对面，一个童子弯着腰。脚边的茶几上，有一个用来碾茶的茶碾，一个盛放茶末的茶罐。童子两手端着茶托茶碗，专心地望着炉上煎着的锅，正等着出茶，奉给图右的主客。茶桌上还有一个同款茶托茶碗，说明一盏是给客人萧翼的，一盏是给主人辩才和尚的。

前面我们说过，唐代主流的饮茶法是煮茶和煎茶，但宋代的主流饮茶法是点茶。点茶与煎茶有何区别呢？来看南宋画师周季常、林庭珪的作品《五百罗汉图》中的"吃茶"一幅：图中出现的茶盏、盏托、汤瓶、茶筅等，都是点茶法的常见用具。但有一个细节我们前面没有介绍，你看，身穿青衣的侍从，左手持汤瓶，右手拿着茶筅，正往一僧人手中的茶盏里边注水边击拂，这是标准的点茶动作。

猛一看，好玄，这四只手得多稳地配合啊，太难了。

但这不是最难的。点茶什么最难？宋代最厉害的茶人蔡襄说了：候汤最难。

**2. 候汤难在哪里？**

候汤，即烧水。奇怪了，烧水有什么难的？

蔡襄说："未熟则沫浮，过熟则茶沉。"如果水没有烧到一定温度，点茶时茶沫会漂浮在水面，水是水，末是末，不能点出水乳交融的乳状茶液；但如果水温烧得过高，点茶时茶末就会沉入水底，点不出茶乳来。因此，水温要烧得不高不低，恰到好处为宜。

现代人虽不点茶，但这个原理也能明白。沏茶要控制水温：绿茶、白茶，水温要控制在85摄氏度左右；红茶，水温要控制在95摄氏度左右；黑茶、乌龙茶，水温则需要100摄氏度。如果水温过低，茶叶泡不出，茶叶的香气、口感、颜色等都出不来。如果水温过高，茶叶当即泡坏，色泽暗黑，茶汤也会发苦发涩。

宋代点茶时观察水沸的程度，谓之"候汤"。说"观察"其实是不对的。因为烧水用的是汤瓶。汤瓶大多是瓷质，也有金银的，不管哪种材质，总之都不透明。不像现在有玻璃壶，还有带温度显示的电茶壶。

不透明的汤瓶，水烧到多少摄氏度了怎么掌握？

看不见水开，只能听声音。听声辨水沸，是宋代点茶的绝活。

南宋有位诗人叫罗大经，我第一次读到他的《茶声》时，拍案叫绝。他写道："松风桧雨到来初，急引铜瓶离竹炉。待得声闻俱寂后，一瓯春雪胜醍醐。"竹炉上炭火正旺，铜瓶里烧着茶水，当听到如同松风桧雨的声音到来时，赶紧将铜瓶移开，等到声音过去，安静下来后，一瓮春雪般的雪白乳沫胜过酥酪上的凝脂。

这首诗的意境在于声音，心思、动作随声而动，有种聚精会神的专注感。其描绘水烧开时的声音"松风桧雨"，也是沿袭苏轼一路。

松树的叶子不像一般树叶是一片片的，而是一根根针状的，所以又叫松针、松须。风吹过一般树林时，因树叶的阻挡，声音"哗哗哗"很响，但吹过松林时，声音变得细微，却因这细微反而更动听。古人说松风若"窈渺韵笙磬"，亦似"疏翠近珠帘"，因此有"不爱松色奇，只听松声好"的说法。古琴曲中有首《风入松》，相传为晋代嵇康所作。《南史·隐逸传》说陶弘景："特爱松风，庭院皆植松，每闻其响，欣然为乐。"

南宋画家马麟与罗大经同时代，曾画有一幅《静听松风图》。图中绘高松三株，偃仰盘曲，宛若苍龙。山风阵阵，枝叶飘洒，藤条飞舞。一文士斜坐在一卧地松上，静听着山涧旁的松涛之声。他侧耳倾听，全神贯注，目略斜视，似乎在辨别松声之源，沉醉于松涛之中。听得出神之际，不知麈尾已失落在地。在一旁执扇的侍童也被这天籁一般的松风吸引，静静地立在一旁。

所以苏轼、罗大经等宋代士大夫们，以松风来比喻水沸之声，其间有他们内心的享受。

罗大经作《茶声》，是建立在对"候汤"有充分探究的基础之上的。他在《鹤林玉露》中引用朋友李南金的话并加以评论："'《茶经》以鱼目涌泉连珠为煮水之节。然近世瀹茶，鲜以鼎镬，用瓶煮水，难以候视，则当以声辨一沸二沸三沸之节。又陆氏之法，以末就茶镬,故以第二沸为合量而下,未若今以汤就茶瓯瀹之,则当用背二涉三之际为合量。乃为声辨之诗云:"砌虫唧唧万蝉催,忽有千车捆载来。听得松风并涧水,急呼缥色绿瓷杯。"其论固已精矣。然瀹茶之法,汤欲嫩而不欲老,盖汤嫩则茶味甘,老则过苦矣。若声如松风涧水而遽瀹之,岂不过于老而苦哉!惟移瓶去火,少待其沸止而瀹之,然后汤适中而茶味甘。此南金之所未讲者也。"

翻译一下:唐代陆羽《茶经》以"鱼目、涌泉、连珠"来辨别水沸的程度。水煮沸了,有像鱼眼睛一样的小泡泡,有轻微的响声,称作"一沸"。锅的边缘有泡泡连珠般地往上冒,称作"二沸"。待到水波翻腾,称作"三沸"。然而,近世煮茶,很少用到鼎和镬(古代两种烹饪器),而是改用汤瓶。用汤瓶煮水,难以看到里面的"鱼目、涌泉、连珠",怎么办呢?要学会听声音来辨别水的温度,掌握以声音辨别一沸二沸三沸的要点。

而且,陆羽的煎茶法,是待水沸后,将茶末投入锅中,所以二沸时投茶末最恰当。现在是拿汤瓶里的沸水直接冲入事先放入茶末的茶盏中,这样就得"背二涉三",即刚过二沸略及三沸之时的水用来点茶最佳。且作一首以声辨沸的诗如下:"砌虫唧唧万蝉催,忽有千车捆载来。听得松风并涧水,急呼缥色绿瓷杯。"砌虫唧唧万蝉鸣时,是一沸;忽有千辆车装载货物而来,是二沸;听得松风声、涧水声一齐到来,就是三沸了。这时,赶紧要将淡青绿色的瓷杯拿过来。

罗大经评论朋友李南金的三沸观点,说:他的论点固然精辟,然而,点茶之法,沸水宁愿嫩而不能老,沸水嫩则茶味甘甜,老了则茶味苦。如果等到水沸声如松风声、涧水声一齐到来,岂不茶味老而苦了?只有将汤瓶离开炭火,等到不沸了再点茶,此时沸水不嫩不老,点出的茶味甘甜,这是李南金所没讲到的。

### 3. 净慈寺的点茶"三昧手"

好，解决了点茶最难的"候汤"问题，可以来看点茶的动作了。

先熁盏。熁盏又称为炙盏或者温盏。如果盏不热，茶沫不容易浮起。建盏之所以成为点茶首选，是因为建盏厚，热过后能保温。怎么炙或温呢？可以用火烤热或者用热水烫热。

再点茶。在温好的茶盏里投入事先磨好的茶末，用煮到刚过二沸略及三沸的水点茶，边点边用茶筅击拂，一共要点七次，直到茶汤表面出现雪沫状的乳花。

第一汤量茶受汤，调如融胶。即根据茶末品质及多少设定注水量，通过调膏使茶末起胶，为击拂做好准备。第二汤色泽渐开，珠玑磊落。注汤后快速击拂，大小气泡不停泛出，闪烁着光彩。第三汤表里洞彻，粟纹蟹眼。快速分层击拂，大气泡渐消，小气泡如粟纹蟹眼。第四汤真精华彩，轻云渐生。此时已是水乳交融，气象万千。第五汤浚霭凝雪，茶色尽矣。击拂时茶筅丝动柄不动，带起盏底液体，云台起，雨脚落，茶面如凝冰雪，茶色已全部显露出来。第六汤乳点勃然，缓绕拂动。继续注水，把底部未打掉的茶末继续打上来，使乳面更厚。第七汤乳雾汹涌，溢盏而起。最后茶汤之上浮满泡沫称为"乳饽"；点出的乳饽呈现中高边低的效果，称为"云头雨脚"；乳饽持久，不见水痕称为"咬盏"。乳饽白厚，经久不散，是好茶的标准。

宋代曾产生过许多点茶高手，其中有位僧人的点茶功夫尤为精到，被称为"三昧手"。他就是杭州西湖南岸南屏山净慈寺的谦师。

元祐四年（1089），苏轼第二次任职杭州。一次他去西湖北岸的寿星寺，谦师闻讯，特意赶去为他点茶。"南屏谦师妙于茶事，自云得之于心，应之于手，非可以言传学到者。十二月二十七日，闻轼游寿星，远来设茶，作此诗赠之。"苏轼早已闻得谦师点茶功夫了得，谦师说，他手上的茶艺"得之于心，应之于手，非可以言传学到"。是不是这样呢？在那个九百多年前的秋天，苏轼目睹了谦师炉火纯青的点茶技艺，品尝了回味无穷的茶汤，还是叹为观止，欣然提笔写下《送南屏谦师》。诗中写道："道人晓出南屏出，来试点茶三昧手。忽惊午盏兔毛斑，打作春瓮鹅儿酒。天台乳花世不见，玉川风腋今安有。先生有意续《茶经》，会使老谦名不朽。"

忽然看到兔毫盏里的茶汤，被击拂成酒瓮里的鹅儿酒，此句是说被茶汤迷醉。汉州（今四川省广汉市）鹅儿酒，因酒色泛黄似雏鹅之毛色而得名。

### 4. 神秘的"天台乳花"

"天台乳花世不见"，天台乳花是什么呢？

宋代时，浙江天台山多寺院，它们有个传统是为罗汉供茶。据记载，在为罗汉供茶时，曾出现大规模的茶盏中出现乳花图案事件。

宋代林表民在《天台续集》中记载，台州知州葛闳（1066—1069年在任）闻此，曾带领众多地方官员到天台山石梁方广寺罗汉阁，为罗汉供茶，俄顷见"有茶花数百瓯，或六出，或五出，而金丝徘徊覆面"。遂赋诗《罗汉阁煎茶应供》："山泉飞出白云寒，来献灵芽秉烛看。俄顷有花过数百，三瓯如吸玉腴干。"

熙宁五年（1072），即苏轼见谦师三昧手点茶的十七年前，日本高僧成寻到天台山学佛，在《参天台五台山记》中记载了天台山罗汉供茶五百余杯出现乳花的奇迹。他"随喜之泪，与合掌俱下"。

当时，天台乳花在佛界应是声名远播。天台山离杭州不远，净慈寺又是名寺，谦师掌握其点茶要诀也是有可能的。谦师说其茶艺"得之于心，应之于手，非可以言传学到"，也许是此技密不外传。苏轼原先可能闻得天台乳花之名，但骤然看到，还是很惊异。

### 5.《七碗茶歌》之卢仝

"玉川风液今安有"就好理解了。玉川指卢仝,卢仝(约775—835),自号玉川子,是唐代与陆羽齐名的茶人。论茶必提到的《走笔谢孟谏议寄新茶》(俗称《七碗茶歌》),即为他所作。

"一碗喉吻润,二碗破孤闷。三碗搜枯肠,唯有文字五千卷。四碗发轻汗,平生不平事,尽向毛孔散。五碗肌骨清,六碗通仙灵。七碗吃不得也,唯觉两腋习习清风生。蓬莱山,在何处?玉川子乘此清风欲归去。"歌中意境,苏轼何其熟悉,何其共鸣!卢仝烹的茶哪里去找?没想到今天竟喝到了。

### 6. 风行朝野的"茗战"

宋代点茶,茶点得好不好,到底怎么判断呢?宋代有项朝野皆热衷的活动叫斗茶,也叫"茗战"。

北宋范仲淹的《和章岷从事斗茶歌》,专门有一段写斗茶时的情景:"黄金碾畔绿尘飞,紫玉瓯心翠涛起。斗余味兮轻醍醐,斗余香兮薄兰芷。其间品第胡能欺,十目视而十手指。胜若登仙不可攀,输同降将无穷耻。"诗中明确告诉大家:因为斗茶是在众目睽睽之下进行的,所以茶的品第高低都会有公正的评论。而斗茶的结果,胜利者"若登仙",失败者"同降将",是一种耻辱。

斗茶之风盛行,与北宋的北苑贡茶有着密切的关系。为了满足皇宫与朝廷需求,官府与茶商不惜耗费大量人力物力,不计成本研制新品种,"北苑将期献天子,林下雄豪先斗美"。而权贵们为博得帝王的欢心,每逢新茶时节,便重金收买各种名优茶进贡,促使斗茶风行。宋徽宗作为帝王,亲著《大观茶论》,并不时与臣属斗茶,把斗茶誉为"盛世之清尚",更是将斗茶之风推向高潮。

决定斗茶胜负的因素一是汤色,二是汤花,最后综合评定味、香、色,三者俱佳,才能算是最后获胜。

点茶篇

宋 钱选《卢仝烹茶图》 台北故宫博物院藏

汤色指茶汤的颜色，唐代茶色贵红，宋代茶色贵白，所以形容宋茶最常用的词是"雪乳"。如"雪乳已翻煎处脚""茶面喷雪乳""茶新翻雪乳"等等。汤色是制茶技艺的反映：如果色纯白，表明茶质鲜嫩，制作精良；如果色偏青，则表明蒸时火候不足；色泛灰则蒸时过了火候；色泛黄则茶叶采制不及时；色泛红则烘焙时火候太过。

关于"茶色贵白"还有个小故事：宋人刘斧《青琐高议》卷九记载，范仲淹《和章岷从事斗茶歌》天下传颂。有一天蔡襄对范仲淹说："您的《斗茶歌》虽然脍炙人口，但诗中有一句'黄金碾畔绿尘飞，碧玉瓯中翠涛起'有一点小问题。现在绝品好茶的颜色是白的，翠绿的茶不过是下品罢了。"范仲淹笑谢道："您真是懂茶之人啊，该

宋 刘松年《茗园赌市图》（局部） 台北故宫博物院藏

怎么改才好呢?"蔡襄说:"只要改掉绿、翠二字,变成'黄金碾畔玉尘飞,碧玉瓯中素涛起'就可以了。"范仲淹大喜曰:"善哉!"

看完汤色来看汤花。汤花是指汤面泛起的茶沫。汤花泛起后,要看水痕出现的早晚。早者为负,晚者为胜。如果碾茶、候汤、温盏、点茶等步骤恰到好处,那么汤花多而不散,能聚于茶汤之上,久不现水痕。

陆羽在《茶经》中将汤花称为"沫饽"。他说:"沫饽,汤之华也。华之薄者曰沫,厚者曰饽。细轻者曰花,如枣花漂漂然于环池之上;又如回潭曲渚,青萍之始生;又如晴天爽朗,有浮云鳞然。其沫者,若绿钱浮于水湄,又如菊英堕于鐏俎之中。饽者,以滓煮之,及沸,则重华累沫,皤皤然若积雪耳。"真美啊,只有嗜茶之人才能做出这样的比喻。

汤花能玩出很多花样,如咖啡"拉花"。蔡京《延福宫曲宴记》中记载宋徽宗亲自点茶:"上命近侍取茶具,亲手注汤击拂。少顷,白乳浮盏面,如疏星澹月。"点茶高手,不但能使茶汤形成丰富的泡沫,还能在茶汤表面形成文字和图案。这些文字和图案俗称"茶百戏",又叫"水丹青"。

北宋初年陶谷的《荈茗录》说:"近世有下汤运匕,别施妙诀,使汤纹水脉成物象者,禽兽虫鱼花草之属,纤巧如画。但须臾即就散灭。此茶之变也,时人谓之茶百戏。"没有在茶汤中加入任何颜料的情况下,通过注汤和茶勺搅动,让注入透明的"汤"使茶沫幻变形成图案,且可以在同一茶汤中变幻多次,瞬间聚散,如幻似梦,非常有趣。

### 7. 披落纷华,而造平淡

当然,我们认为最有意境的斗茶来自苏轼。

斗茶可以在集市上斗,众多茶商在官府的组织下使尽全力,为自己的产品博得出位的机会；可以在街头斗，茶店或流动茶贩借此火热场面招徕生意；可以三两文士间斗，吟风弄月，借以舒畅情怀；可以雅集上斗，比一个真见识真学问真清雅；也可以在皇帝的曲宴上斗，斗一个诚惶诚恐、惊心动魄。

苏轼是自己与自己斗。其暮年写于被贬之地儋州的《汲江煎茶》，前六句写了汲水、煎茶、倒茶，水之清、月之明、乳之白、松风之韵，有声有色，兴致勃勃。到了最后两句，笔锋突然一转，完全出乎意料，一下子将我们从刚才的声色美学中抓了出来："枯肠未易禁三碗，坐听荒城长短更。"

"枯肠未易禁三碗"，是用了卢仝之典。卢仝说："一碗喉吻润，二碗破孤闷。三碗搜枯肠，唯有文字五千卷。"苏轼此处却反其意而用之，说自己面对如此佳茗，喝了三碗便喝不下去了。"坐听荒城长短更"，荒城指儋州，亦指贬谪天涯的孤寂。"长短更"，指报更时敲鼓之数，少者为短，多者为长。在不眠之夜，枯坐在这座天之涯、海之角的荒城里，听短更接长更……

这种凄清，与前面的声色兴致形成强烈的对比。所谓"披落纷华，而造平淡"，正是此意。

宋代的点茶，亦是如此。

点茶，元代式微。从明代开始至今，流行泡茶法，即将散茶放置在茶壶或茶盏中，用开水冲泡即可饮用。

# 挂画篇

南·宋·四·雅
书画器物中的南宋生活美学

宋画是如今的热点。哪个展览只要有宋画真迹，就会备受瞩目，人气爆棚，国内外慕名者蜂拥而至，自带板凳干粮排队数小时，出现了观者如云、一票难求的盛况。

曾经有这样一个说法：衡量一个博物馆庋藏书画的水平，通常就看有没有宋画。宋画之火，并非只是在博物馆展览上有所体现。在拍卖业内，2009年，宋人陈皋《胡人吹箫》拍得人民币49.28万，两年后更名为《蕃骑弄箫图》，成交价飙升到了1.84亿；2010年，南宋佚名《汉宫秋图》在北京保利的成交价为人民币1.68亿；2017年，南宋陈容《六龙图》在纽约佳士得的成交价约为人民币3亿。

宋画"写实与写意高度统一"的意蕴、"夺造化而移精神"的技艺、"虚静空灵之美"带给人的享受，使其成为艺术史上的巅峰。看宋画，令我们有一种在时空交错中与美相见的感叹。这种对美的感知力，千百年来潜藏在我们的血脉里，受宋画触发和激活。

宋代是历史上"垂足而坐"替代"跪坐"的时代，家具等器物抬升了，品种丰富了，绘画空间也随之增大了。宋代又是士大夫治国的时代，士大夫的人文修养与审美，成了画家甚至整个社会的营养，于是，出现了画阁、画廊、画堂、画舫、画檐、画屏、画帘、画楼、画馆、画栏等等。南宋画家的画作，不是挂在博物馆里的，而是投射在各种生活器具上，融化在市民的日常生活里。

宋韵风华今安在？最直观的显现就在宋画中。

# （一）好大的宋画

## 1. 看真迹的重要性

2023年4月的一天，我去西湖边南山路的中国美院看展览。"宋韵今辉"艺术特展因有宋画，引起极大轰动。

正是那次，我第一次看到郭熙、马远的真迹。郭熙的《溪山行旅图》纵96厘米，横46厘米。马远的《雪履观梅图》，纵161.5厘米，横101.4厘米。站在这两幅画前，要高高扬起脖子才能看到全貌。

以前曾想不明白两件事：宋画为何画得如此之大？巨幅的宋画为何如此之多？以当今生活来理解，画，起室内装饰之用，大多装裱起来挂在墙上。而与成年人等高甚至还要高的画，除了装饰会议室，用处是不多的。

而就在我第二遍仰着脖子看马远《雪履观梅图》的那个当口，我突然明白了这应该是幅屏风画。

前几天，《杭州日报》记者于佳来看这个展，微信上跟我说人很多，还有观众一手拿纱布一手拿相机，一边擦玻璃一边欣赏，因为展柜玻璃上有好多大家忍不住贴上去的印儿。然后她发来一张图，说这幅画中宋人"四雅"都有了。这不是宋画《二我图》吗！后来我实地去看才知展览的那幅是明代仇英的临本。

《二我图》因构图出色，本就是一幅辨识度很高的画，后来乾隆皇帝也觉得该画有趣，命宫廷画家绘制了相似的作品，只是把画面中心人物由高士改成了他自己，取名《弘历鉴古图》。这一来，《二我图》就更出名了。

然而有"四雅"吗？我放大一看，果然插花、焚香、点茶、挂

宋 马远《雪履观梅图》 上海博物馆藏

宋 佚名《二我图》 台北故宫博物院藏

画都有。就在放大看细节时，我留意到了图中人物后面是一屏风。屏风有多大呢？差不多快一堵墙的尺寸了，而且屏风上有画，绘的是《汀洲芦雁图》。

所以，令我们疑惑的那些巨幅的宋画，主要有两个用途：壁画和屏风。其中又以屏风画为主。很多宋画其实就是当时的屏风画。

**2. 屏风自古有之，为何在宋代变得突出了？**

**（1）垂足坐家具的变革，带来屏风的普及和尺寸的改变**

屏风最初的实用价值是挡风和作为障蔽。我国古代多为木构建筑，与西方墙体承重的建筑不同，这种建筑空间十分宽敞。按风水学理论，宽敞高大的屋子，由于过于空旷，四面来风乱窜，长期居住其间，一方面易受风邪寒邪，另一方面因没有私密空间而令人心浮气躁。屏风的出现正可以防风御寒、遮挡隐私、重置空间以及敛气纳福。

宋代以前，我国以席地而坐、跪坐为主，家具都是低矮型的，屏风使用也较为广泛。但屏风与士大夫之间并无特殊的关联。到了宋代，高型家具全面取代矮型家具，随着垂足坐家具的普及，书写姿势发生了改变，书桌变得高且宽大，成为文人在室内活动的中心。书桌的重要性凸显后，需要一定的独立性与隐秘性，屏风正满足了这种需要，使士大夫们有了"移动的书房"。

而屏风一旦成为士大夫们的重要物件，便成了书画的极好载体。唐代虽有屏风画，但并不普遍。到了宋代，因家具变革，屏风成了"书房"或"私人要地"的主要屏障，大面积的空白处便成了表现雅兴的地方。

在屏风上，"图"的面积被放大，装饰功能加强。屏风可以是一件家具，也可以是一件艺术品。当屏风与绘画相结合，似乎在室内创造了一个灵动的精神空间。

南宋四雅
书画器物中的南宋生活美学

宋 佚名摹五代顾闳中《韩熙载夜宴图》之"听乐"场景 故宫博物院藏

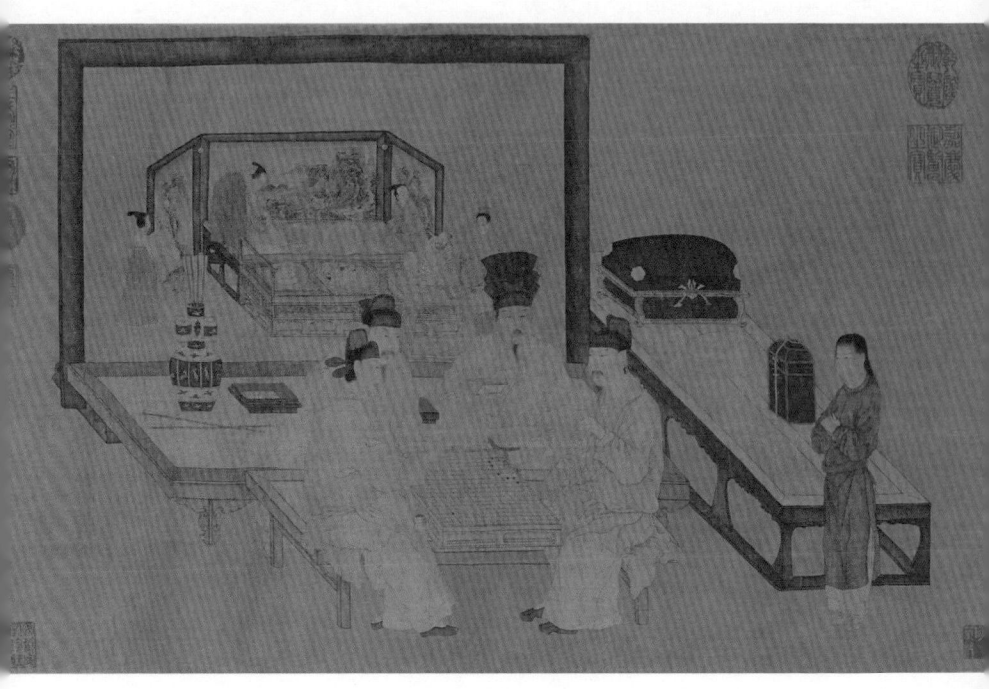

宋 佚名摹五代周文矩《重屏会棋图》 故宫博物院藏

宋代屏风的使用非常普遍，上面我们举了南宋绘画《二我图》作为例子，其实还有更经典的。如宋摹本《韩熙载夜宴图》，全卷分为听乐、观舞、休憩、清吹、宴归五个段落，各段落均用屏风隔开。而宋画中最著名的屏风应该是宋人摹五代周文矩的《重屏会棋图》，屏风中有屏风，构成一种奇妙的视觉效果，时人称之为"重屏"。

**（2）屏风上的山水画有文武之分吗？**

前几年有部古装剧叫《清平乐》，该剧以北宋为背景，在风起云涌的朝堂之事与剪不断理还乱的儿女情长之间，试图还原一个复杂而真实的宋仁宗。据说剧组在宋画上倾心尽力，找了大量宋画制作成各种屏风、壁画，力争还原出宋仁宗所处的历史场景。

该剧海报上，宋仁宗身后是一幅北宋山水画的名作，即李成的《晴峦萧寺图》。该图高114厘米、宽56厘米，现藏于美国纳尔逊-阿特金斯艺术博物馆。皇后身后是一幅李成的《寒鸦图》，原作现藏于辽宁省博物馆。

那么多的宋画中，剧组选择李成的作品，也许是基于这个细节：米芾在《画史》中说宋仁宗的曹皇后，曾"尽购李成画，贴成屏风"。李成这个人是李唐宗室出身，身份、见识、审美跟一般画家不同，所以他的画受到上流社会的热烈追捧。但他留下的作品很少，市面所见大多为伪作，以致米芾看了都生气，说："李成真见两本，伪见三百本。"

曹皇后喜欢李成的画没问题，但宋仁宗是否有更喜欢的画呢？宋仁宗驾崩后，继位的是宋英宗。宋英宗有位女婿叫王诜，此人书画功底非常好。他曾经在同一间屋子里，东墙挂李成山水，西墙挂范宽山水，端详半天，觉得李成山水墨润笔精，烟岚轻动，秀气可掬。而范宽山水则像真的峰峦在面前，气势雄逸，笔力老健。遂感叹："此二画之迹，真一文一武也。"从范宽山水画雄镇北宋前中期

**南宋四雅**
书画器物中的南宋生活美学

宋 范宽《溪山行旅图》 台北故宫博物院藏
宋 李成《晴峦萧寺图》 纳尔逊-阿特金斯艺术博物馆藏

来看，其取得这样的地位没有皇帝的推崇是不可能的。

（3）宋英宗为何喜欢动物画？

那么一文一武之间，新上任的宋英宗喜欢哪家呢？

英宗治平元年（1064），汴京景灵宫中孝严殿落成，元吉奉诏前往，画御座后面大屏风。元吉即北宋以画动物著名的易元吉。他早年专工花果昆虫，有一天看到赵昌的花鸟，惊呆了，意识到自己穷尽一辈子也画不了如此之好，于是另辟蹊径，改画动物。他长年寓居山野人家，观察猿猱獐鹿等生息动静之态及山林泉石之形，不断摸索，终成大家。

易元吉以獐猿画最著名，所画活泼可爱，形神毕肖。宋刘挚《易元吉画猿》赞道："老猿顾子稍留滞，小猿引臂劳攀援。坐疑跳掷避人去，仿佛悲啸生壁间。"

宋英宗的御座后大屏风，易元吉是怎么布局的呢？中间一扇

宋 易元吉《猴猫图》 台北故宫博物院藏

上，画了平和安详又活泼的鹁鸽，背景衬以牡丹和太湖石，旁边两扇各画孔雀。得到宋英宗的嘉许后，又在神游殿小屏风上画"牙獐"。画獐本是易元吉的拿手好戏，他给皇帝作画尤为精心，于是画成后名声大振。

宋英宗为何喜欢动物呢？英宗是仁宗堂兄的儿子，因仁宗无子，幼年被接入宫中抚养。后仁宗生子，他又被送了回去。仁宗三子均夭折后，在仁宗晚年，英宗又被接入了皇宫之中，后立为太子。所以英宗的日子很不好过，每天都战战兢兢地生活着，直到仁宗去世，他时刻紧绷着的精神才彻底地放松下来。但多年的精神折磨拖垮了他的身体，情绪的猛然放松，反让他精神一度失常。

在这种背景下，就能理解他为何欣赏易元吉的画了。动物无拘无束的天性吸引着他。易元吉画了牙獐小屏画后不久，又奉诏于开先殿的西厢绘制《百猿图》，可惜仅画十数只，就感染时疫病故了。

宋英宗在位仅四年便病故了。其子继位，即宋神宗。至此，北宋政坛将迎来天翻地覆的变局，而山水画也重回皇宫。但此山水非彼山水。

（4）宋神宗的焦虑

很多年前，我的笔记本上摘抄了一段话："于高堂素壁，放手作长松巨木，回溪断崖，岩岫巉绝，峰峦秀起，云烟变灭，晻霭之间，千态万状。"

读《宣和画谱》，忽然读到这一段，惊骇，这才知道说的是郭熙。

宋神宗最喜欢的画家是谁呢？郭熙！

在郭熙之前，最有范的山水画家是范宽。范宽的画被后人称为"巨碑式"。他的《溪山行旅图》，纵206.3厘米，横103.3厘米，是台北故宫博物院的"镇院三宝"之一。

范宽生活在北宋前期，其画作笔力鼎健，气魄雄伟，境界浩莽,有种天长地久的厚重感。正如《溪山行旅图》,大山中峰鼎立,是稳定的、不动的。后人评价图中的山是中国山水画里最高的一座山。这个境界,与北宋开国后统治阶级的意志是一致的。哪个皇帝不希望江山永固,长治久安?不希望自己的朝代像块"巨碑"矗立在历史当中?

宋神宗当然也有这个希冀。他接班登基时,年方二十,可谓血气方刚。他对自己要求非常严格,立志要成为一个有所作为的帝王。当时西夏不断在边境挑起战端,宋神宗是在北宋与西夏的连年战争中成长起来的,对这个心腹大患可谓切齿痛恨。有一次他去拜见太皇太后,也即疼爱他的奶奶(宋仁宗的曹皇后),一身戎装精神焕发,惹得太皇太后很是担忧。

但是,打仗就是"打"钱。宋神宗接手的朝廷,已经穷得够呛了。他爷爷宋仁宗晚年,每年亏空三百万贯,到神宗接手时已是亏空一千七百万贯以上的烂摊子,连父亲的葬礼都被迫削减开支。

不会吧,北宋经济繁荣,民众富庶,国家每年的收入远超此前的朝代,怎么会穷呢?那是因为朝廷的开支实在太大了。首先,宋代开国者因拥有军队而"黄袍加身",为防止类似事件,杯酒释兵权,将所有军队收归朝廷,养兵的费用极其庞大。其次,为防止权力过于集中,便分化事权,让本来一个部门干的事情分给不同部门去处理,以达到相互制约的目的。这种制度安排对维护中央集权起到了非常重要的作用,但也造成了官僚机构臃肿,行政成本居高不下。最后,土地兼并现象严重,不仅造成阶级矛盾尖锐,也影响到了税收的来源。

宋神宗每天面对的就是"没钱"这件事。但西夏问题如鲠在喉,宋神宗不惜翻出家底去换钱。家底中,值钱的要数珍珠。宋神宗下旨把奉宸库(供宫廷享用的内库)的珍珠拿出来,带到河北四榷场(宋、辽交界处设置的互市市场)去卖,然后将获得的银两积攒起来用作买马。

珍珠有多少呢？一共二千三百四十三万颗，真不少啊。这些珍珠按照品级串成二十五个类别，按质量定价。宋神宗在皇宫里稳稳地打着算盘：闪亮亮的珍珠过去，一大批战马过来。

结果呢？大出所料。

这批珍珠从首都汴梁运到河北四榷场，本应再运到辽国去。实际上，却是宋朝商人从河北四榷场将珍珠买下，再运回汴梁。

宋神宗大跌眼镜。自小长在皇宫里的人哪里晓得生意经！本来嘛，你这珍珠是向人家辽国买的，辽国正因为北宋市场大才不断敲诈女真族上贡珍珠，现在你再卖回给他们，不等于江边卖水吗，这生意怎么做得起来？这是其一。其二，宋朝从战略考虑一直刻意限制北珠的流入，有限的珍珠进口后得优先供给朝廷。而官宦人家、富商巨贾消费能力极强，却苦于买不到珍珠。宋神宗这一来，敏锐的商人们立即嗅到商机，相当于给他们下了一场甘霖。

对于宋神宗来说，对外抱负实现不了，国内"没钱"问题又天天煎熬着他。对于一个年轻皇帝来说，整天手脚受束缚，一批老臣还成天在耳边提醒他要节约，如何能忍受？

这时，有一个人站了出来，说"臣有办法"。

他就是王安石。宋神宗在年幼时读过王安石的《上仁宗皇帝言事书》，对文章中的理论颇为赞赏。这些年，王安石历任地方官，对于民间的事情积累起一套自己的高效解决办法，很受百姓爱戴。总之，这是一个有理想、有见识、有看法、有办法、有经验、有口才的实干家。

王安石重新燃起了宋神宗的希望。熙宁五年（1072），宋神宗大力支持王安石变法，试图通过变法，达到富国强兵的目的。

（5）"神宗好熙笔"是什么意思？

而这种焕然一新的精神面貌，体现在方方面面，于是有了"神

挂画篇

宗好熙笔"。

屏风、屏障带有一定公众性与开放性，屏风画的内容往往在很大程度上会定义其空间场域的气氛。大尺幅屏风画是一个风向标，敏感的人能从中嗅出朝廷政局的走向。

邓椿《画继》记载，北宋宫廷中睿思殿"一殿专皆熙作"，宫中的紫宸殿、化成殿、瑶津亭、玉华殿等亦是郭熙山水。在王安石变法过程中新建立的中书、门下两省，以及枢密院和学士院等朝廷中枢机构，皆为宋代中央政府最核心的政务机要部门，其屏风画都为郭熙所作。

变法中宋神宗忙成那样，还多次钦点郭熙作画："神宗令宋用臣造御毡帐成，甚奇。蒙御批曰：'郭熙可令画此帐屏。'""睿思殿，

宋 郭熙《雪景山水》 台北故宫博物院藏

宋用臣修，所谓凉殿者也……上曰：'非郭熙画不足以称。'于是命宋用臣传旨，令先子作四面屏风，盖绕殿之屏皆是。闻其景皆松石平远、山水秀丽之景，见之令人森竦。有中贵王绅好吟咏，有《宫词》百首，曰：'绕殿峰峦合匝青，画中多见郭熙名。'盖为此也。"

在北宋宫殿中，学士院是皇帝的秘书处，负责起草制、诰、诏、令等朝廷文件，可谓朝中重地。学士院的正厅叫玉堂，所以玉堂也常为学士院的代称。玉堂建成，宋神宗特遣中贵（宠幸的宦官）张士良传圣旨，说："翰苑擒藻之地，卿有子读书，宜与着意画。"玉堂是彰显读书人文采的地方，壁画要好好画。于是郭熙一挥而成，乃《春江晓景》。

《春江晓景》如今看不到了。根据当时大学士们的记载，图中春情之融冶、物态之欣豫，令观者怡然如身处四明山、天姥山。"禁中官局，多熙笔迹，而此屏独深妙。"

（6）郭熙绘画的奥秘

为何宋神宗如此推崇郭熙的画呢？

郭熙少时学习道家之术，遍访山水。道家思维中的山水不是固定不变的，而是流转的，像阴阳鱼那样，动而生阳，阳极生静，静而阴长。所谓"两仪生四象，四象生八卦"，所以郭熙的构图基本都是S形的，线条鲜活、流动、富有变化。同时，"少从道家之学""本游方外"的经历使郭熙对自然变化中的时节有着非凡的感受力。

《早春图》，纵158.3厘米，横108.1厘米。郭熙选取了"早春"这一敏感时节来扣题，表现冬去春来、大地复苏时的变化。冬天的萧瑟渐渐隐去，枯木再生新枝，嫩芽点点浮现。山泉刚刚解冻，似在叮叮咚咚地发出声音。远峰、树林、水潭、小径不知不觉中明亮起来，焕发生机，透过清冽的空气、泥土里散出的潮湿香气春天正在走近。

挂画篇

宋 郭熙《早春图》 台北故宫博物院藏

这幅画的春意还体现在人物中。人物小到几乎看不见，但放大看却个个栩栩如生。冰雪消融，渔民开始捕获第一网鱼。崎岖山道上，寒士正在攀登。左下角是一家四口人，前面有一只小狗在引路，女主人抱着孩子，前面还有一个大孩子，后面挑着担子的是男主人。他们往山里走，应该是赶集回来了，满载而归。人欢狗叫，一家其乐融融，春天就在他们心里面。

整幅图的意思，与王安石自上而下、由内而外的变革思想是一致的，与"不畏浮云遮望眼，自缘身在最高层"的意志也是相通的。郭熙用图像体现了王安石《龙赋》之"龙之为物，能合能散，能潜能见，能弱能强，能微能章"。

画面左侧题有"早春，壬子年郭熙画"。下有"郭熙笔"长方朱文印。壬子年即公元1072年，是神宗支持王安石变法的第三年。

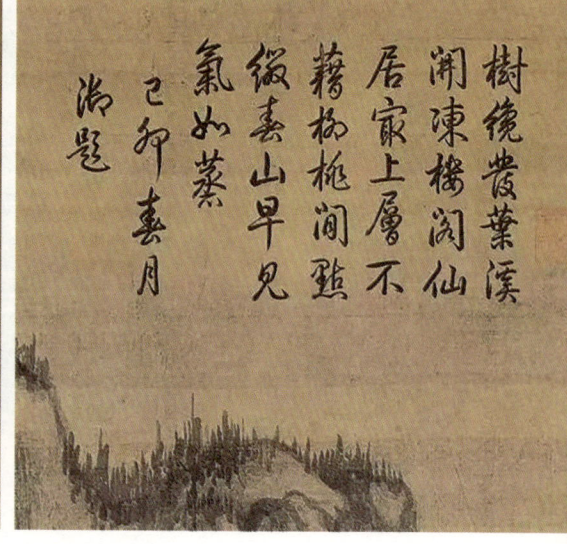

宋 郭熙《早春图》（局部） 台北故宫博物院藏

此时，变法成果初步显现，国库开始充盈。《早春图》不仅表现的是大自然的早春，也是画家在变革时代的激动和对复兴国家的期盼，也可以说是变法的早春，是大宋王朝的早春之梦。

**（7）画作是时代的脉搏，曲线完全重合**

可惜，王安石变法引起了激烈的社会矛盾，士大夫阶层开始分裂，大家斗得你死我活。随着对西夏战争的失败，宋神宗心灰意冷。元丰八年（1085），三十八岁的宋神宗英年早逝，年仅九岁的宋哲宗继位。因皇帝太小，由神宗母亲高太后（哲宗奶奶）监国。高太后一贯反对新法，她掌权后立即废除新法，驱逐新党。前期因反对新法而被贬官的司马光、苏轼、黄庭坚等，重返朝廷。

郭熙的画命运如何呢？起先，这些画作得到了苏轼、黄庭坚等人的强烈共鸣。苏轼叹道："玉堂昼掩春日闲，中有郭公画春山。鸣鸠乳燕初睡起，白波青嶂非人间。"元祐二年（1087），黄庭坚邀请苏轼、苏辙兄弟共赏郭熙的山水画作。苏轼作《郭熙画秋山平远》，黄庭坚为之和韵，留下《次韵子瞻题郭熙画秋山》。苏辙作《书郭熙横卷》一诗，曰："凤阁鸾台十二屏，屏上郭熙题姓名。"

也许黄庭坚说出了旧党对郭熙画作的评价——"郭熙官画但荒远"。郭熙的画虽为官画，而堂皇中有种荒寂感，潜藏着士人的品格。

但随着旧党对新党的清算、报复，朝中局势的发展不由个人意志为转移。邓椿的《画继》记载，后来郭熙遭到排挤和冷落，皇宫中郭熙的画作全部撤出，以至于存于皇宫库房中的郭熙画作也被抛弃。有的画作甚至被当成抹布使用。邓椿之父看到郭熙画作遭到这样的对待，便请求宋哲宗将这些作品赐给他。所以，残存的郭熙画作得以进入邓家的收藏。

到宋哲宗之弟宋徽宗执政时，他严厉打击元祐党人，苏轼、苏辙、黄庭坚等人皆遭流贬。郭熙画作重新得到重视。《宣和画谱》记录郭熙作品三十幅，但这时郭熙已经去世，他儿子郭思应诏入朝，将郭熙绘画之体悟整理成册，即为《林泉高致》。

六百多年后，当乾隆皇帝看到《早春图》时，对图中的隐喻有所领会，他提笔写道："树才发叶溪开冻，楼阁仙居最上层。不借柳桃闲点缀，春山早见气如蒸。"

直到今天，《早春图》仍是台北故宫博物院每展一次就轰动一时的"镇院三宝"之一。"玉堂卧对郭熙画"的场景，也成了宋画的经典场景之一。

### 3. 北宋的屏风画如何影响了南宋绘画？

#### （1）南宋博古风的盛行

南宋画家张训礼曾画有《围炉博古图》，很多人认为这个画名有问题，"博古"应该是玩些钟鼎彝器。如宋徽宗下令纂集的《宣和博古图》三十卷，就是著录当时皇室在宣和殿所藏的古代铜器。但此图画一庭院中古松苍劲，红梅盛开，书桌前坐了三位文士，均抬头望向一幅画轴。此画轴一人多高，后面由一位侍者高高撑起，显然是一幅屏风画。所绘山水雪景，像极了北宋李成、郭熙等画家的手笔。

是画名错了吗？殊不知，南宋的"博古"包括鉴赏、收藏前朝法书名画。正是在这些鉴赏、收藏活动中，绘画艺术在南宋得到继承并发扬光大。

关于书画，在宣和年间（1119—1125），由官方主持编撰有《宣和书谱》《宣和画谱》两书。其中《宣和画谱》共二十卷，分道释、人物、宫室、番族、龙鱼、山水、兽畜、花鸟、墨竹、蔬果等十门，收录晋至宋画家二百三十一人的画共六千三百九十六轴。每门前有叙论，开列画家之名，继之小传。这是历史上最早的较为完备的绘画收藏目录。

挂画篇

宋 张训礼《围炉博古图》 台北故宫博物院藏

靖康二年（1127），金军攻陷汴京，掳二帝及三千余名宗室成员，劫掠珍宝、书画和能工巧匠返回北方。北宋百来年积累下来的奇珍异宝和书画收藏，被金人洗劫一空。宋高宗赵构在一穷二白的基础上建立了南宋，但经他一朝，内府书画收藏却已恢复到了不逊前朝的水准。他是如何做到的？

（2）宋高宗如何恢复皇宫的书画收藏？

南宋周密在《齐东野语》卷六"绍兴御府书画式"中记道："思陵（宋高宗）妙悟八法，留神古雅。当干戈俶扰之际，访求法书名画，不遗余力。清闲之燕，展玩摹拓不少怠。盖睿好之笃，不惮劳费，故四方争以奉上无虚日。后又于榷场购北方遗失之物，故绍兴内府所藏，不减宣政。"这段记载表明宋高宗的办法有三。

办法一：访求。高宗曾派人在民间广泛访求书画名迹。南宋著名书法家吴说的《庆门星聚帖》写道："说近奉诏旨，访求晋唐真迹，此间绝难得，止有唐人临《兰亭》一本……"吴说奉命访求的结果，所得仅唐人临《兰亭》一件。为达成使命，乃致书朋友请求协助。李清照在《金石录后序》中提到，北宋亡时她携带十五车收藏品南奔，一路散失，到绍兴时只剩书画砚墨五六筐，冷不防一天夜里，有人掘壁洞偷去了五筐。她伤心极了，决心重金悬赏收赎回来。过了两天，邻人钟复皓拿出十八轴书画来求赏，因此李清照知道那盗贼离她不远。她千方百计求邻人，但其余的东西他再也不肯拿出来。过了几天她才知道其余的东西已被福建转运判官吴说贱价买去了。由此可见民间访求力度还是很大的。

办法二：四方奉上。宋高宗笃爱书画，大臣们投其所好，以此邀宠。南宋李心传《建炎以来系年要录》记道，秦桧勾结宋高宗的御医，观察高宗所好，"日进珍宝珠玉书画"，因此"帝宠眷无比"。周密《武林旧事》写宋高宗去"中兴四将"之一的张俊府邸做客，张俊进奉的宝物中自然有"书画"，分别是：有御宝十轴，无宝有御书九轴,无宝无御书二轴。"御宝""御书"均为宋徽宗宣和内府旧藏。"奉上"之人中,也有没眼力之人将赝品献上的。《建炎以来系年要录》说到一事:"乙亥,将仕郎毛公亮献徽宗皇帝御书四轴。"结果宋高宗命人一检验,全系伪造,当即问罪。这也从侧面反映出宋高宗对藏品真伪的精鉴把关。

办法三:榷场购入。所谓"榷场",是指南宋与金在边界设置的市场。绍兴和议后,双方先后在盱眙军、光州等地设置榷场。金人灭北宋时掠走的宝物中,典籍文物不被看重,经常卖到榷场换钱,因此当时榷场中的典籍文物交易十分繁荣,南宋内府中的很多收藏都来自榷场交易。当时有位古董商叫毕良史,他大量搜购开封兵火之后流散的古玩字画,捆载而南,送到临安皇宫,高宗喜出望外。绍兴十五年(1145),高宗派毕良史去盱眙军做官,目的也是在榷场购买北来的文物。

宋高宗正是在这样的历史背景下,坚持搜寻书画。虽起于艰难,但高宗一朝,书画收藏已经大致恢复到了徽宗朝的规模。根据南宋陈骙在孝宗朝所著《南宋馆阁录》,内府所藏绘画如下:御容(帝后画像)四百六十七轴,御画十四轴,人物一百七十三轴,鬼神二百零一轴,畜兽一百十八轴,山水窠石一百四十四轴,花竹翎毛二百五十轴,屋木十一轴,名贤墨迹一百二十六轴。

皇家的爱好,内府的孜孜以求,宋代执政主体为士大夫群体而士大夫天然钟情于书画的特征,必然会带来南宋社会对书画的渴求,由此,收藏、鉴赏书画之风长兴不衰。士大夫们不仅经常雅集品赏前朝书画,而且家具中也有专门为放置书画卷轴的柜子。刘松年《唐五学士图》虽托名"唐",实际画的是南宋士大夫的聚会场景,图的右上角即为书画柜。

(3)李唐:连接北宋与南宋绘画的桥梁

而在收藏、品鉴前朝书画的过程中,北宋的屏风画深刻影响到

南宋四雅
书画器物中的南宋生活美学

宋 刘松年《唐五学士图》 台北故宫博物院藏

了南宋。

南宋初，宗室赵伯驹、赵伯骕兄弟流落到临安，靠街头卖画度日。他们画的扇子被宫中太监看到，报告给宋高宗，高宗马上召见他们，并赐印"皇叔"。高宗曾命赵伯驹画集英殿屏风，赏赐很厚。可以想象，南宋皇宫里集英殿屏风画成时，高宗称赏，画师得意，群臣喜乐，只可惜，少了黄庭坚来吟"玉堂对卧郭熙画"。

而要说北宋画家对南宋画院影响最大者，非李唐莫属。

李唐三十多岁就小有名气了，大出名则在四十八岁。那年他赴

宋 赵伯驹《仙山楼阁图》 台北故宫博物院藏

开封参加皇家举办的画院考试。原来考试考的都是写实功夫，抱来一只孔雀或一只鹅，谁画得最像谁就是第一名。但此时，苏轼他们提倡的"文人画"已经兴起，"文人画"与"画工"的区别在哪里呢？苏轼在《又跋汉杰画山二首之二》中说："观士人画，如阅天下马，取其意气所到。乃若画工，往往只取鞭策、皮毛、槽枥、刍秣，无一点俊发，看数尺许便卷。"他推崇唐代诗人王维的画作，称"味摩诘之诗，诗中有画。观摩诘之画，画中有诗"。

作为一个诗书画皆一流的皇帝，宋徽宗要将绘画从"技巧"带到"意境"。他亲自出的考题是诗句，如"野水无人渡，孤舟尽日横""踏花归去马蹄香"等。李唐去考的这一年，试题是"竹锁桥边卖酒家"。参加考试的人大多在"酒家"上下功夫，只有李唐画小溪桥畔的竹林深处，斜挑出一幅酒帘，深得"锁"意。宋徽宗爱其构思，亲手圈点为第一名，李唐遂成为北宋画院的专职画家。

北宋亡，李唐南渡。一个六十多岁的画家，在兵荒马乱的岁月赶路，没有舟楫，亦无随身干粮，他的行囊里只有"粉奁画笔"。怎么确定他的行囊只有"粉奁画笔"呢？

这天，李唐行到太行山，只见深山茫茫、绝壁嶂石嶙峋。他只顾赶路，不觉天色已晚，正想寻个落脚处，不料，呵斥声从天而降，山坡上杀下一伙强盗来。强盗们将他团团围住，李唐惊恐万状，只是死死抱住行囊，不敢多嘴。强盗见此情景，料想行囊中必有财宝，一把夺来，翻检数遍，却落得一脸茫然——行囊里只见颜料画笔，别无他物。强盗之一名萧照，本是喜画之人，被乱世裹挟进山寨，此刻心中生疑，便问其姓甚名谁，方知眼前老头即是他平素极为倾慕的画者李唐。这一来，萧照管不得同伙的惊异，对着李唐纳头便拜。

李唐感激萧照的救护，便真心收他为徒。萧照告别太行山，一路随着师傅向南边去。

挂画篇

　　师徒俩没有生活来源，只得边走边靠卖画为生。战火未歇，社会动乱，李唐不可能像他在北宋画院那样工整严谨地画，涂上青绿颜料，再勾金，长期作业，逾月一幅，也不能再作如北宋时那样的三拼大幅，他必须画水墨小幅，多画多卖，否则他们的生活无从着落，毕竟解决生计问题才是当务之急。
　　这是李唐画风转变的第一个因素。
　　李唐一路向南时所看到的景色的变化，对他有很大的冲击。作为一个职业的宫廷画师，尤其是一个擅画山水的画家，他的眼睛和心灵是很敏感的，对自然山水的变化比他人更能敏锐地捕捉到。北方的山，高大突兀、气势雄伟、山体坚实，适合以立轴表现。而南方的主体景致变成了水，溪山烟雨朦胧、曲线柔和、连绵无尽，要表现的话，须得横向绵延，即变成水墨长卷。在这个调整过程中，李唐其实很痛苦，他说："雪里烟村雨里滩，看之容易作之难。早知不入时人眼，多买胭脂画牡丹。"但到达杭州后，面对这样的山水，真是不变也难。
　　这是李唐画风转变的第二个因素。
　　李唐的画，从构图来看，从《万壑松风图》主山堂皇的全景式构图，到《江山小景图》的半边构图，再到《清溪渔隐图》的截景式构图，正能看出此中变化。李唐的一变，直接开启了马远、夏圭们"一角""半边"这些局部取景法，具有划时代的意义。
　　不过，李唐"划时代"的作为离不开一个人，即宋高宗。
　　北宋汴梁城里，宋高宗还是十几岁的康王时，李唐曾到过康王府。待到临安城里见面，一个已是两鬓斑白的老者，一个已是年近四十的皇帝。宋高宗极喜李唐的山水画。元代庄肃《画继补遗》中说："予家旧有唐画《胡笳十八拍》，高宗亲书《刘商辞》，每拍留空绢，俾唐图画。亦尝见高宗称题唐画《晋文公复国图》横卷，有以见高宗雅爱唐画也。"

宋高宗对李唐的雅爱里面，也有倚靠的成分。南宋建立之初，北边有金兵的穷追猛打，南边则观望犹豫，小朝廷风雨飘摇。这时急需通过政治宣传鼓励士气、安抚民众。

李唐高举大旗，画《采薇图》，描写伯夷和叔齐隐于首阳山，"采薇而食之"，宁可饿死也不食周粟的故事。在中国的文化传统里，这是一个关乎气节的题材。《晋文公复国图》寓意更加显明，晋献公二十一年（前656），晋国陷入内争，重耳遭流放，始奔狄，十二年后借道魏国到达齐国。七年后重耳一路向西、向南，途经赵国、宋国、郑国和楚国，折返北行，再一年，重返晋国，当上晋国国君，是为晋文公，并很快成为春秋五霸之一。晋文公的故事是

宋 李唐《采薇图》 故宫博物院藏

宋 李唐《晋文公复国图》（局部） 大都会艺术博物馆藏

"王朝复兴"的绝佳范例。李唐把宋高宗比作重耳，记录他复国的艰难，歌颂他中兴之丰功伟绩。《胡笳十八拍》是汉末蔡文姬在战乱中被掳、胡地思乡、忍痛别子归汉的悲惨故事。这种故事在南宋建立之初是屡见不鲜的，连皇帝都被俘往北国，大批的画家、艺人、文人学士等被拘往北国，他们怎能不思念家乡？李唐借画安抚社会大众情绪，并宣扬宋高宗惜才爱才、召唤故国人民回归的态度。

（4）萧照：强盗出身的画家

李唐的徒弟萧照亦不负所望，积极参与到政治宣传之中。他画的《中兴瑞应图》有四百多人，人物数量与北宋张择端《清明上河图》相当。宋高宗因为非正常继位，需要刻意宣传自己是顺应天意的真命天子，是应运而兴，非人力所能争，借以巩固皇位，安定人心。于是便有了曹勋编写的"瑞应故事"，如出生时金光照耀、出使金国时宫女看见有四位神人护卫、梦见钦宗授御衣等，萧照据此绘成栩栩如生的长卷。可以想象，在没有影视媒体的南宋，图像的宣传力度非常之大。

萧照的笔力确实强，他以做强盗的勇气，在《山腰楼观记》中将北宋堂堂正正占据画面中心的大山，推到了画面的一侧，为后来马远的"马一角"、夏珪的"夏半边"留出了发挥的位置。当时杭州城内一些主要的皇家宫观，如显应观、西太乙宫等有多幅壁画出自萧照。宋高宗曾为其《山水小景》题诗："白云断处斜阳转，几面遥山献翠屏。"

萧照也是潇洒的。南宋叶绍翁在《四朝闻见录》中记录了一个萧照画孤山凉堂壁画的故事。今杭州孤山西泠印社，沿鸿雪径继续往上攀登，便是凉堂。南宋时，孤山是西湖风景的一个奇绝之地，种有梅花数百株。半山腰的凉堂建成后，宋高宗要来游玩。皇帝次日便到，但凉堂的四面墙壁还是一片素白，怎么办？请萧照。

可是一夜之间要画高近三丈的壁画四幅，几乎是不可能完成的

宋 萧照《中兴瑞应图》(局部) 天津博物馆藏

任务。萧照说，行，给我四斗酒。黄昏时分，萧照来到凉堂，每敲一更，饮酒一斗，酒入豪肠，化成笔下汪洋浩瀚。如此尽一斗则一幅已成。次日凌晨，四壁画满，萧照也已酣醉。高宗来了，浏览壁画，赞赏再三，宣赐金帛。

**4. 南宋画屏有多风流潇洒?**

南宋皇宫里，除夕之夜"殿司所进屏风"可称作稀有之宝。屏风上画着钟馗捉鬼等祈祥除邪的图画，夹层里面密布互相连接的药线。一根燃着，药线就"连百余不绝"，从而散发出微微热量，使殿内温暖如春。这是《武林旧事》卷三所记载的。

屏风放在哪里呢?最隆重的屏风放在皇帝宝座的后面。座与屏,都设在御坪(台)上,前、左、右三面围有栏杆,只开个口子供皇帝出入。有诗云"已见龙章转御屏",就是说皇帝从屏风后面出来,要落座了。"玉佩珊珊出禁扉",是说皇帝从宝座上下来走出围栏了。

皇宫里的屏风我们看不到,不过通过宋画能看到南宋的画屏到底有多气派美丽。

**(1)"茅屋"里的画屏**

马麟的《松阁游艇图》中,有一处描绘的是华贵庭院中的一座"茅屋"。

茅屋为何要加引号呢?

南宋时,高官贵戚的宅邸已颇具园林意味。按理说,高屋大宅与茅屋是没有联系的,但宋代的官僚集团由士大夫组成,士大夫们书读多了,在富丽的城郭中仍追求"采菊东篱下,悠然见南山"的意境,喜欢以"草堂"来命名自家豪宅。其实这个雅好一直延续了下来。清代《红楼梦》中,万般富贵的大观园中,不也特意安排了一个"稻香村"吗?

宋宁宗时期,权臣韩侂胄也有个名园叫"南园"。南园一直从吴山蜿蜒到雷峰塔下。有一次,韩侂胄带了一批客人游园,走到一处人工刻意建造的"村庄"时,韩侂胄说:"这里竹篱茅舍,田园风光模拟得很逼真,可惜没有鸡鸣犬吠的声音。"没走几步,忽然大家听到狗叫之声,一看,原来是临安府府尹赵师睪在学狗叫。韩侂胄哈哈大笑,自此格外关照赵师睪。

南宋时期富贵人家的茅屋究竟是怎样的呢?《松阁游艇图》给出了一个例证。

茅屋的台基,屋旁的花坛,都用白石砌成,非常考究。屋顶虽然是茅草,但歇山顶侧山墙上的博风、悬鱼,无不做工精巧。茅顶

宋 马麟《松阁游艇图》(局部) 收藏者未知

下斜接出篾编凉棚，棚底衬布帛，于棚檐垂下整齐的荷边，屋檐下是整扇细格子窗，所有的细节都显露出主人身份的高贵。

南宋绘画很少有室内描绘，基本以木格子门窗全挡住不给看。这里却意外地呈现了一个相对完整的室内布置。边门进去，左右放两长方凳，中间一坐榻，榻左一方花架、右一方红桌，上皆有器物。重点来了：榻后一大屏，屏风上画着大幅山水。

再看画面右边的大门，也是当门一大屏。想来南宋时，是否所有正式一点的门，一进去都有一个大屏风？

（2）皇家品味的"山水画堂"

再来看南宋赵伯骕《风檐展卷图》。赵伯骕是皇族子弟，按辈分宋高宗要叫他一声"皇叔"。说《风檐展卷图》前，先看一幅我们极其喜爱的宋画，即赵伯骕的《万松金阙图》。

按赵伯骕的皇家身份，他的审美必定是富丽堂皇的青绿山水。他与赵伯驹是兄弟，两人画作也以青绿山水为主。

但创作于南宋初年的《万松金阙图》，虽仍以青绿为主，但风格有明显变化，不求浓艳，更求雅致。开图江天渺渺，空旷浩渺，一轮红日跃出。春山茂林，万顷青松林立。苍翠松林中金阙隐现，溪水一湾，朱桥横卧，白鹭飞鸣。整幅图画一派祥和宁静。

该图一改北宋纵向的中堂鼎立，改为横向的长卷。纵27.7厘米，横136厘米。气质上，糅合了青绿和水墨画法，画风介乎院体画和文人画之间，旭日东升、郁郁葱葱的气息非常浓郁，却清秀庄重，格

宋 赵伯骕《万松金阙图》 故宫博物院藏

调柔丽雅洁，是一种有节制的贵胄气息。该图的出现，标志着宋代山水画的表现对象，已从北方雄浑的山川转移到了江南的青山绿水，预示着后世简淡风格的兴起。

赵伯骕是宋太祖赵匡胤七世孙，而宋末元初赵孟𫖯，是宋太祖赵匡胤十一世孙。对于这幅传世之作，赵孟𫖯十分叹服。他用了十二成功力，在上面题了七十四字的行书跋文："宋南渡后有宗室伯驹，字千里，伯骕，字希远，皆能绘事，尤精傅色。高宗作堂处伯骕禁中，意所欲画者，辄传旨宣索，此《万松金阙图》断为希远所作。清润雅丽，自成一家，近世之奇也。孟𫖯跋。"

因此，《万松金阙图》是赵宋皇室的书画双璧之一，如今被定为禁止出境展览文物，实至名归。

再来看赵伯骕笔下的《风檐展卷》，真正是名士风流啊！夏日时光，屋子外层的木格子窗已全部卸下，只留下安装格子窗的框架，所以能看到屋子里面的布置。主人坐在长榻上，身后是大屏风，屏风上画山水。右侧两幅山水挂轴就挂在窗上，估计左侧也有。惊叹

宋 赵伯骕《风檐展卷》 台北故宫博物院藏

了吧？别急，还有呢。长榻的一头，还有个小屏风，宋人称其"枕屏"。这么一来，主人身边就形成了一个用画中山水包围的室内空间，这就是宋词中频频出现的"画堂"。

### （3）有趣又实用的枕屏

来个"枕屏"特写，就是大家熟悉的《槐荫消夏图》。

炎炎夏日里，浓浓槐荫下，一高士平卧榻上，上衣半解，袒胸露乳，闭目酣睡。榻边一条案上摆着香炉、蜡台、书卷等物品，可能高士在此读书赏画，累了便倒头大睡。看见了吗？榻的一头，一张大大的山景枕屏正替他挡着风。

宋 佚名《槐荫消夏图》 故宫博物院藏

### （4）任何尺寸的画作都可以是屏风画

说南宋屏风画，自然不能不提刘松年。

台北故宫博物院藏的一幅《罗汉图》，署有"开禧丁卯（1207）刘松年画"。此画为绢本设色，纵56厘米，横117.4厘米。所绘罗汉，面相怪异，表情幽默。他双手持杖，坐于藤墩之上。面前有一弯腰仰首的年轻僧人，手持经书，神态谦恭，似乎在向罗汉请教。罗汉的身后，是三折大屏，中扇大，边扇窄，向前折成八字形站立。每折屏风可分为上、中、下三个部分，上部绘有山水图，笔法简练透迤，呈南宋山水画的特征。

《补衲图》同样藏于台北故宫博物院，纵141.9厘米，横59.8厘米。一张大屏风前，两名僧人坐于禅榻上，老僧以布包头，须眉尽白，却还亲自穿针引线，表现了出家人节俭的生活信念。旁坐青年僧人，注目于老僧的补衲动作，表示对其师的学习与尊崇。老僧的禅榻后，是一幅大屏风，屏风画亦为山水图。

说实话，这两幅画改变了我们对屏风画的认知。原先我们认为，只有尺幅巨大的画作，顶天立地那种，才能作为屏风画。但《罗汉图》中，每折屏风分为上、中、下三个部分，《补衲图》中，山水画被镶嵌在中间，边上可加其他装饰，这样一来，其实任何尺寸的画作都可以做屏风画的。

其实，若留意看的话，宋画中的大堂、前厅、后室几乎皆设屏。屏风既用于分隔空间，又用于障蔽及美化居室，集实用与装饰于一身。宋词中"丹青闲展小屏山"是指小屏风，可以是书案上有案屏，也可以是枕屏；"隔断画屏双扇"，是指两扇合一的屏风；"斗帐屏围山六曲""山六曲，翠屏间"，是指六扇相连的屏风；"十二银屏山四倚"，则是十二扇连屏，这是屏中的大件。

南宋屏风的材质以绢为主，极少用纸，所以屏风坏了或不用时，可以将画揭下来保存。屏风上的画，以山水为多，如"小屏上，

挂画篇

宋 刘松年《罗汉图》 台北故宫博物院藏
宋 刘松年《补衲图》 台北故宫博物院藏

水远山斜""几曲屏山数幅波"等。其次是花鸟画,如"屈曲杏花蝴蝶小屏风""小屏谁与画鸳鸯""曲屏尘暗双鸂鶒"等。画屏除了绘画的,也有丝绣的,如"绣屏罗荐粉光新""曲屏闲倚绣鸳鸯"等。

只觉好美!

## (二)隽永的扇画

### 1.宋画断代的细节精髓

我第一次真正留意扇子上的画,并不是在实物扇子上。

有名的《捣练图》,系唐代画家张萱之作,表现的是妇女捣练缝衣的场面。张萱笔下的女性脸圆而饱满,体态丰腴健硕,尽显大唐女性的华贵之美。但现存美国波士顿美术馆的这幅作品,却是宋徽宗摹本。有何证明呢?除了卷首题跋外,图中生炭火的小女孩,手中有一把扇子,扇面上的画是一幅典型的宋代山水小景。

这个细节提示,当时对我来说简直是醍醐灌顶。随后,看画的功力便长了一成。

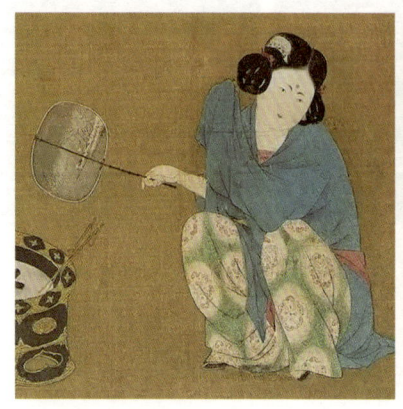

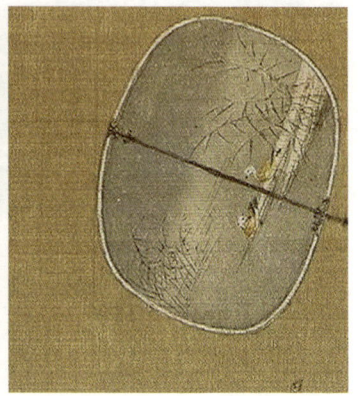

宋 徽宗摹《捣练图》(局部) 波士顿美术馆藏

宋 佚名《宫沼纳凉图》 台北故宫博物院藏

其实，看画功力长了一成也是说说的。台北故宫博物院藏有一幅宋人《宫沼纳凉图》，我一看画上有两把扇子，来劲了，使劲放大，想看扇面上画了啥。看出名堂了吗？没，只看到妃子的颈项间挂着金项圈，那个式样和《红楼梦》中薛宝钗的金锁是一样的，属明清款式。后面的侍女递过来一颗冷香丸，说：宝姑娘，该吃药了。

## 2. 扇画在南宋盛行的原因

扇子尝以引风、障日、遮面、仪仗等功用为古人所青睐。汉代班婕妤《怨歌行》云："新制齐纨扇，皎洁如霜雪。裁成合欢扇，团团如明月。"罗、纱、绫、绢等丝织品编制成的团扇总称为纨扇，又名宫扇。形状不一定都如圆月，也有腰圆形、椭圆形、六边形等。

扇子轻轻挥动可以在炎热夏日中带来清风凉意，而清风向来是君子品德的重要内容，所以扇子还能用来礼贤下士，夸赞别人品德高尚。

扇并非女人的专利，在明代折扇出现以前，男人也是使用团扇的。前面我们说到过了，蔡京引起宋徽宗的注意，就跟扇子有关。蔡京未发迹之前，在京城做个小官。盛夏时节，他每次进到衙署，都有两个衙役手持白绢团扇给他扇风消暑。时间一长，蔡京挺感动，有天一时兴起，就在两把扇子上各题了一首杜甫的诗。没想到，次日见面时，俩衙役穿戴一新，一问，说是那两把扇子被端王买走了，足足卖了两万钱！这端王，就是后来的宋徽宗。宋徽宗做了皇帝、蔡京做了宰相之后，君臣谈到这件事，宋徽宗还感慨地说，你当年题诗的那两把扇子至今藏于内府。

宋徽宗儿子宋高宗，则亲自在扇上题杜甫诗赐大臣。北宋末南宋初，有位直臣名叫胡直孺，是抗金志士。他在朝论中上奏十事，宋高宗非常欣赏，在白团扇上御书杜甫诗句"文物多师古，朝廷半老儒"送给他。

南宋建都杭州。南方比北方热，杭州还有梅雨季，又热又湿又闷，本地人习惯扇不离手，北方过来的，更是离不开扇子。在这个背景下，扇子和扇画在数量上也得到爆发式增长。吴自牧在《梦粱录》中记载，杭州城里的扇子铺，专营店就有陈家画团扇铺、周家折叠扇铺等，种类有细画绢扇、细色纸扇、漏尘扇柄、异色影花扇……夏天一到，满杭州城摇曳的扇子上，都是画家们的山水、花果、珍禽、人物等各种小品。

流传至今的宋画，有相当一部分是画在扇子上的，多以绢本扇页的形式出现。在宋代，绢是用来写字与作画的最通用的材料。以素绢做成的纨扇，不但成为画师们小小怡情的场地，也是士大夫们随时抒发心境的地方。

扇画不同于其他绘画，它们本身是有实用功能的。吴自牧《梦梁录》记载，高宗在德寿宫赏桂，尝命画工为岩桂扇面，仍制御诗分赐群臣亲王云："秋入幽岩桂影团，香深粟粟照林丹。应随王母瑶池宴，染得朝霞下广寒。"扇画的作者，上至王公贵胄，下至普通文人，他们乐于在团扇上题诗作画相互馈赠，使得扇画的创作蔚然成风。宋代扇画存世量多、题材广泛，作画笔墨精微、格调高雅。因此，扇画已成了一种美学基因，深刻植入我国的传统文化中。

扇面绘画的创作内容与卷轴并无明显差别，画家们把所有的题材都捕捉到咫尺的画幅中，从神话故事、社会生活、人物动态，到高山流水、折纸花卉、栖林小鸟，无不逼真地描绘出来。扇画不仅是摇曳生风的物品，也是反映宋代图景的载体，方寸之间呈现大千世界。

扇画的表现力，丝毫不亚于大幅绘画。一言以蔽之：尺素能开万里天。

**3. 小小扇画上的写实功夫**

扇画画幅小，与壁画、屏风画相比，是否可以逸笔草草呢？不，后人欣赏或者说拜服宋画，其中一个原因便是宋画写实功夫了得。无论大小，其写实功夫几达极致。

关于宋画的写实功夫，有许多实例。

**（1）宋画中亭台楼阁可以当设计图用**

闻名遐迩的《千里江山图》，收藏于故宫博物院，细节放大十倍后，树木栩栩如生，树根仿佛深深地扎入泥土中，十分形象。纽约大都会艺术博物馆藏的北宋李成《寒林骑驴图》，细节放大后甚至能看清小孩鞋子的细节。郭忠恕曾任翰林图画院院长，他以善画楼台闻名于世，北宋李廌《德隅斋画品》评论道："至于屋木楼阁，恕先自为一家，最为独妙。栋梁楹桷，望之中虚，若可蹑足。阑楯牖户，则若可以扪历而开阖之也。以毫计寸，以分计尺，以尺计大，

宋 郭忠恕《山水图》 台北故宫博物院藏

增而倍之,以作大宇,皆中规度,曾无小差。"这种比例十分严格的阁楼画开了所谓"界画"的先河。

宋徽宗的《瑞鹤图》,画一群白鹤飞过宣德门之瑞像,将宣德门的庄严巍峨表现得细致入微,殿脊上块块灰瓦整齐排列,飞檐上只只瑞兽神采奕奕,檐下木质斗拱纤毫毕现。以至于杭州市的德寿宫项目的营造过程中,关于南宋宫苑"鸱吻"的式样,参照的便是《瑞鹤图》。南宋建筑以木结构为主,八百余年过去,风雨摧蚀,曾经的琼楼玉宇不可复见,因此《水轩花榭图》《宫苑图》中主殿的工字殿布局,以及马远、李嵩、赵伯驹等名家画作中的门窗隔扇、栏杆望柱等,都成为德寿宫遗址博物馆设计的主要思路来源。

宋代的亭台楼阁也会见诸扇画吗?有的。来看《仙山楼阁图》纨扇页。

该画是青绿山水,纵23厘米,横23.4厘米。作者到底是不是宋皇室成员赵伯驹尚有争议,但图中"明霞纾彩,则天汉银潢也。飞观倚空,则仙人楼居也。至于祥光瑞气,浮动于缥缈之间,使览之者欲跨汗漫,登蓬瀛,飘飘焉,峣峣焉",真是美极了。

祥云山峰间,有一红色的楼台殿阁。放大看,植柱构梁,叠拱下昂,彩纹绮幔,工而不板,繁而不乱,"游规矩准绳中而不为所窘",真乃落笔似有神助,实为界画的一精彩实例。

当然,宋画写实水平还体现在美妙的花鸟画中。

(2)花欲开,鸟欲飞

一个五月的早晨,初阳明媚,只见一座园林的一角,满树金黄色的枇杷像在招呼人似的。有一青年男子被那黄澄澄的颜色吸引,

宋 赵伯驹(传)《仙山楼阁图》 辽宁省博物馆藏

走了进去。近一点再近一点，迎面对着阳光，看果皮上的毛，看果蒂处那青痕，看果子在不同光影下的透明度……突然，他被一声婉转的鸟叫惊醒。当他抬头看到这只小鸟时，不由得倒抽一口冷气。一只绣眼鸟！今天运气太好了，竟然看到一只绣眼鸟！

　　作为南宋画院的画家，谁都会对绣眼鸟极度敏感的。因为宋徽宗曾经画过一幅《梅花绣眼图》。那幅画中，一只绣眼鸟俏立梅树枝头，鸣叫顾盼，神情十分动人。而现在这只绣眼鸟，眼周有一圈白环，几乎与宋徽宗画的那只一模一样。青年男子隔着枇杷树与绣眼鸟对视，他发现绣眼鸟的眼珠真的是漆黑的，难怪宋徽宗要用漆去点它们。只见绣眼鸟时而啄食枇杷，时而定睛端详，那样子十分生动有趣。突然，绣眼鸟飞走了，青年男子怅然若失，在五月的阳光下伫立良久，才缓步离开园林。

　　几天后，皇宫里争相传看一幅画，就是林椿的《枇杷山鸟图》。

宋　宋徽宗《梅花绣眼图》　故宫博物院藏
宋　林椿《枇杷山鸟图》　故宫博物院藏

只见绣眼鸟的羽毛先以色、墨晕染，再用工细小笔拉出根根绒毛，鸟儿背羽显得坚密光滑，腹毛则蓬松柔软，雅致细腻到让人顿生爱怜。宋徽宗那只绣眼鸟，终于在南宋达到了最完美的形态。

正因为下足了写实功夫，林椿的花鸟果品，件件栩栩如生。他的画小品居多，很多是团扇画。大不盈尺却意趣盎然。他每出一幅，宫中贵人都争相传看。他被宋孝宗封为待诏，并且授金带，备极荣宠。

林椿的画不仅在宫廷受欢迎，更是在市井里流行。只要他的新画作一面世，马上就有复制品，售价不菲，但远近争购。众安桥夜市上，每当林椿的复制画上市，都会引起一阵骚动，人头攒动，吆喝声此起彼伏，市人趋之若鹜。

稳健扎实的写实功底，并非林椿一人所长，而是宋代画家的集体特色。相传开封人傅文用，他所画的鹑、鹊能分出四时的翎毛，

宋 李安忠《竹鸠图》 台北故宫博物院藏
宋 佚名《白头丛竹图》 故宫博物院藏

其用笔之工细令人惊叹。韩若拙画鸟，自嘴至尾皆有名称，并会细数羽毛数目。

（3）堪比"神探"的赏画人

宋徽宗作为画院的"总督导"，在教学上重规矩，讲法度，不允许粗枝大叶，草率从事。有一次，画院学生画孔雀，结果一个也不被赏识，大家面面相觑，不知原因何在。宋徽宗说："孔雀升高，必先举左脚。"孔雀要往上走时，一定是先抬左脚。大家这才恍然大悟。南宋邓椿《画继》记载了一则宋徽宗赏画的故事：皇宫内"龙德宫"建成后，宋徽宗选派一批画家为"龙德宫"画壁画和屏风。完工后他去验收，只见他始终摇着头，不满意，直到看到"壶中殿"前柱廊拱眼上的一幅《斜枝月季花》时，突然眼前一亮，问是谁画的。得知是位年轻学生画的，非常高兴，大加赏赐。众人不解，问此月季图好在哪里。徽宗解释说："月季花能画好的人不多。月季一年四季都开放，但春、夏、秋、冬，以及同一天中的早、午、晚，其花朵、花蕊及花叶都不相同，而这幅画画的是春天中午开放的月季，花、蕊、叶的姿态与季节、时分完全相符，丝毫不差，所以得重赏。"

在这种氛围下，赏画人水平也不得了。北宋沈括的《梦溪笔谈》记载了一个场景：欧阳修曾得到一幅古画，画上有一丛牡丹花，花下面有一只猫。他不知道这幅画的水平怎样。丞相吴育与欧阳修是亲家，一天看到这幅画，说：这画的是正午时候的牡丹花。怎么证明呢？这花中的花瓣都散开着，而且颜色枯涩，没有光泽，正是太阳正中时候的花。而且猫的瞳孔像一条线，这也是正午时候的猫眼。如果画的是早上，那么花上带露水，色泽就润，猫眼的瞳孔也会是圆的了。

挂画篇

宋 崔白《枇杷孔雀》 台北故宫博物院藏

### 4. "格物致知"理念在扇画上的折射

宋画的写实仅仅是宋徽宗的功劳吗？非也。

宋代立国后的治国方略是以文制武、与士大夫共治天下。《周礼·考工记》记载："坐而论道，谓之王公；作而行之，谓之士大夫。"作为中国古代士人与官僚的统称，士大夫阶层发端于东周，形成于汉唐，成熟于宋代。

士大夫成为宋代的政治精英和社会中坚，他们怀抱理想，以天下为己任。面对唐末五代以来纲常伦理的崩坏，宋朝建立之初便推崇以古礼治国，仁宗之后更是期望"复古为三代"，通过制礼作乐，重构社会秩序。

具体怎么做呢？修身、齐家、治国、平天下，这一切的出发点是"格物致知"。儒家经典《礼记·大学》记道："古之欲明明德于天下者，先治其国；欲治其国者，先齐其家；欲齐其家者，先修其身；欲修其身者，先正其心；欲正其心者，先诚其意；欲诚其意者，先致其知。致知在格物。物格而后知至，知至而后意诚，意诚而后心正，心正而后身修，身修而后家齐，家齐而后国治，国治而后天下平。"

格物致知是引导宋代士大夫行事的纲领。宋代理学认为，理存在于一切物、事、人中，要先摸清、掌握这个"理"，这才是行事的基础。宋代的政治、经济、文化、外交等，莫不体现这一要领。

大时代的背景折射在绘画上，"格物"即重视写实，重视格法，这里面的要求甚至达到了匪夷所思的精确程度。正如郭熙的《林泉高致》中提到的，画家对待绘画需用"敬"的态度，"凡一景之画，不以大小多少，必须注精以一之""必神与俱成""必严重以肃之""必恪勤以周之"，而不可"以轻心掉之""以慢心忽之"。

写实性绘画在中国绘画史上历来都有，但像宋代这样发展成为整个时代的创作风格，而且达到了如此高的水平，在画史上是绝无仅有的。问题是，仅"格物"是不够的，还需"致知"。作画不拘泥于形象，又不失其真理，解衣盘礴，自由挥写。仅仅为"格"而"格"是没意思的，要"格"出"味道"来。正如邓椿《画继》所说："画之为用大矣。盈天地之间者万物，悉皆含毫运思，曲尽其态，而所以能曲尽者，止一法耳。一者何也？曰传神而已矣。"

画家要通过对客观事物的仔细观察，来推究背后的"理"，达到自己内心的豁然顿悟。如果观察错了，理即歪了，内心就乱了。而宋画之所以让人心静、神往，正因为在出发点上下足功夫，后面就全对了。

正所谓：万物静观皆自得，四时佳兴与人同。

**5. 宋代画院画家的优势到底在哪里？**

**（1）刘松年笔下的文人气度**

南宋画家刘松年画过多幅扇画，流传下来的有《宫女图》《秋窗读书图》等。

扇画《秋窗读书图》，纵25.8厘米，横26厘米。描绘的是秋天的景色。两棵参天高松顶天立地，上部的松枝如盘龙相互缠绕，曲折多变。中景是秋水渺渺，远景为起伏的山峦。傍水而建的庭院外，树叶红了。从水波看似乎正有徐徐微风吹着红叶，发出簌簌之声。窗内正在读书的文人，被窗外声色吸引，若有所思中抬起头望向窗外。门外的童子，尽量动作轻盈，不去打扰主人的雅兴。

刘松年画的文人，都有一种难言的气度。如果不理解"腹有诗书气自华"的意境，看看刘松年的画肯定有帮助。

台北故宫博物院收藏了刘松年的画卷《十八学士图》，绢本设色，纵44.5厘米，横182.3厘米。画卷一开始即为一大屏风，屏风上绘的即是南宋典型的山水画。这背景一下子让我们感到，唐朝的十八学士一定是穿越到了南宋。

宋 刘松年《秋窗读书图》 辽宁省博物馆藏

所谓"十八学士",是指唐太宗李世民还是秦王时,建立的文学馆所网罗的天下人才中较出名的十八人。他们每日分三班轮值,在研讨文史类话题之外,也作为李世民的智囊团而存在。这十八学士分别是房玄龄、杜如晦、陆德明、孔颖达、虞世南、姚思廉、蔡允恭、颜相时、于志宁、许敬宗、苏世长、李玄道、薛元敬、薛收、李守素、盖文达、褚亮、苏勖。后李世民令阎立本绘制了《十八学士画像》,一来彰显唐太宗礼贤下士,重视文臣、文教,二来表彰这十八人在辅佐唐太宗上位及治国时候的功绩。《十八学士画像》虽

宋 刘松年《十八学士图》 台北故宫博物院藏

没有保留下来，但典故因此形成，后世画家时常援引此典故为画作素材。

宋代的士文化本就发达，北宋时期苏轼、黄庭坚、米芾、王诜一类的文人高士时常有文人雅集活动。雅集不可缺少歌舞曲艺、古玩彝器、诗词歌赋、美酒佳肴等，所以刘松年在绘制时并非只画十八个人的形象，而是将学士们置于各种琴棋书画的文化场景中，以突出文雅性。

在《十八学士图》中，庭院精美，山石玲珑，树木高低错落，且一头一尾绘有两扇屏风。此画本身是人物画，但屏风上有山水，因此画这样一幅图，等于要精通山水、人物、花鸟等手法。这当然难不倒职业画家刘松年。但难得的是，他通过对庭院树木、桌案椅凳的布局，特别是屏风上山水画的点睛，使整个画面有一种云烟升腾的感觉，如同大唐的《早春图》，一切都在酝酿之中。

图中的十八学士，个个意趣盎然却又各不相同，沉稳中带有一丝魏晋风度。这里面的人物各有突出，如果对照历史完全可以对号入座。房、杜的短处是不善处置杂务琐事，长处是多谋善断；于志宁是律令专家；苏世长是辩论家；姚思廉是历史学家。刘松年在构思十八个人布局及各人的体态、表情时，势必对那个顶级沙龙充满了向往，将那一段历史烂熟于胸，下功夫的同时，思想上得到的滋养不可谓不深。

刘松年能画顶级的文人沙龙，也能画孤寒落寞的文人。

他的《卢仝烹茶图》中，两间茅屋位于画面中间，前方被山石挡住了一部分，上方青松翠柏交织遮盖，描绘的应是王屋山下的济源花洞前卢仝的隐居之地。屋前假山修竹，左侧空白处应是一池清泉。屋内十分简陋，左间屋中挂着一只罐，右间应是寝室，陈设也只有几本书。

卢仝，唐代诗人，是初唐"四杰"中卢照邻之嫡系后裔。他一生嗜茶成癖，所作《七碗茶歌》千余年来传唱不辍，被尊为"茶仙"。

此画描绘的便是卢仝在家中烹茶的场景。卢仝身着素衣，跪坐在榻上。透过窗户隐隐可见火苗闪动，借以表明此刻正在烹茶。卢仝目光望向门外，若有所思。屋外小路上，一童子挑着一葫芦，走向湖边准备取水。虽然背景萧肃，但通过人物表情的刻画，整体氛围倒显出一种悠闲雅致。

卢仝耿直孤僻，淡泊名利，尤其厌恶官场的弊政，因此一生不入科考，不为高官厚禄所诱，唯一所好便是茶。他写道："我心尘外心，爱此尘外物。欲结尘外交，苦无尘外骨。"茶对卢仝来说，不只是一种口腹之饮，喝茶时还可以不记世俗，抛却一切名利，百虑千愁万种情结，都可以借此得到化解，变成习习而生的清风，以致飘然而羽化登仙。

要将卢仝品茶时由物质享受到精神升华的过程画出来，要将其安贫乐道不因生活困苦而改变志向的安然画出来，是不容易的。贫寒中的悠闲雅致也许更难画吧。刘松年要真正进入卢仝的内心世界，才能将其颠沛流离一生中最精华的部分提炼出来。明人汪珂玉评价道："右题指挥张侯所藏《卢仝烹茶图》，盖宋人刘松年名笔也。观其布景萧散，用意清远，倏然有出尘之想。噫！卢仝之趣，非松年莫能写其真。而松年之画，今之所见者，盖亦寡矣。"

除了上面两幅，刘松年还画过哪些文人呢？流传至今的有《唐五学士图》《高山流水图》《兰亭修禊图》《松下双鹤图》等。另外，古籍中记载的有《东山丝竹图》《杜拾遗春游图》《子美浣花醉归图》《唐子西拾薪煮茗图》《香山九老图》《桃花书屋图》《竹居文会图》《雪江独钓图》《春亭对弈图》《西园雅集图》《溪隐图》《春山仙隐图》《张志和辞聘图》《野意图》《秋林访逸图》等。苍藓、落花、松影、禽声、溪泉、苦茗、山径、夕阳、山月、法帖、墨迹、画卷、桑麻、粳稻、柴门、牛背、笛声，种种自然和人文的意象，被他描绘得神情俱丰。张羽《书刘松年九老图卷》称："一时衣冠文物之华、水竹林亭之胜、朝野升平之象、耆老康宁之福，蔼然见于豪素，使人展卷为之叹息企慕，恨不身生其时而目睹其事，盖有非后世俗吏所能及也。"

回看刘松年的一生，并没有命运的大起大落。他大约生活于孝宗后期到光宗、宁宗时。这段时期，除了几次北伐失败，其余时间相对较为稳定，是南宋最为优渥繁华的时间段。刘松年居住的清波门，位于西湖边，离皇宫不远，周围均为王公贵戚，又濒临御花园"聚景园"。所以，刘松年的画中，充满了山峦耸翠、桃李争艳，以及雅致的庭院、娴丽的宫女、煮茶的童子、静坐的文士。

作为一个衣食无忧的宫廷画师，他只能按照皇家意志写"命题作文"吧？同时竭力提高自己的绘画技能，迎合帝王威严，以保全自己的饭碗。仰人鼻息的画家，是不可能像文人士大夫那样，傲然写胸中逸气，挥洒出尘之思的。

但是，我们分明看到刘松年的画里，有俞伯牙、钟子期、谢安、杜甫、杜牧、张志和、柳宗元、卢仝、唐庚，有王羲之和兰亭雅集，有唐太宗文学馆里的十八学士。这些历史上有名的文人或隐士，或雅集共聚，或研经论道，或对弈品茗，或凝神赏乐，或山野隐居，或寒江独钓，刘松年竟能给不同人物配以高度和谐的背景，将人物的神情、仪态、举止刻画得惟妙惟肖，构图饱满，场面生动，布局张弛有度，笔墨游刃有余，让后人一看就拍案：这就是我心目中的他们！

这就不得不说到宋代画家的培养。刘松年是南宋画院一手培养出来的画家。

**（2）考试指挥棒：写实、写意缺一不可**

一说对画家的培养，人们第一个想到的人物就是宋徽宗。其实，宋徽宗对书画的爱好不是凭空而来的。北宋建国伊始，就设立了全国性的翰林图画院。宋太宗雍熙元年（984），置画院于汴京大内宣德门之东。宋真宗咸平元年（998），又将画院移到大内的右掖门外。画院里罗致了五代十国许多著名画家，如五代的郭忠恕，后蜀的黄居寀、高文进，南唐的董羽等。所以画院自从建院之日起，就具备雄厚的实力。

神宗朝国家画院招聘，试官郭熙以"尧民击壤"为题，这里分明是儒家的"传教化，助人伦"的主导观念。可以想见，神宗朝的国家画院，对于画家的人文素养要求并不低。

当然，画院最辉煌的时期还是在宋徽宗任上。徽宗对画院建制进行了全面升级，不再局限于从社会上招收画家，而是建立了画学制，即通过考试发现优秀人才，进入画院接受系统专业教学，再通过考核依成绩授予不同职称。

考画院绝非易事。仅凭能画得像是不行的。如考试题目"竹锁桥边卖酒家""踏花归去马蹄香""嫩绿枝头红一点""午阴多处听潺湲""蝴蝶梦中家万里，杜鹃枝上月三更"等，都是诗句，不读诗文是无法深入理解其情景之美的。而要将这种美表现出来，需要的是参试者的胸中文墨、丰富的想象力、独特的构思和巧妙的表现。

（3）基础课与文人相同

进入画院后，学习同样不易。入院后的学习科目和考核标准亦有明确规定。《宋史》卷一百五十七"选举志"记："画学之业，曰佛道、曰人物、曰山水、曰鸟兽、曰花竹、曰屋木。以《说文》《尔雅》《方言》《释名》教授。《说文》则令书篆字、著音训，余书皆设问答，以所解义观其能通画意与否。仍分士流、杂流，别其斋以居之。士流兼习一大经或一小经，杂流则诵小经或读律。考画之等，以不仿前人而物之情态形色俱若自然，笔韵高简为工。三舍试补、升降以及推恩如前法。惟杂流授官，止自三班借职以下三等。"

不仅要学佛道、人物、山水、鸟兽、花竹、屋木等绘画技能，还要熟读《说文》，以通晓音训。另外还要学习《尔雅》《方言》《释名》等书，提升古典文化涵养。至于历朝历代的诗词曲赋，更是必修科目。

所谓"学养深厚"正是如此吧。要想胸有韬略，腹中需垒起万卷诗书。

（4）画院学生的特殊福利：观赏前辈名家画作

画院学生有一项得天独厚的福利，即能经常看到前人的名画。南宋邓椿在《画继》中说到靖康之乱后有以前宣和画院画家流落在四川的二三人，曾对他说，他们在画院时，每隔十天皇上便取出御府收藏的画轴两匣，命中贵押送至画院，展示给画学生观赏学习。画出库时要立下军令状，以防遗失、坠地、渍染、玷污等，因而当时画院的作画者，全竭尽精力，以称皇上心意。

南宋建立者宋高宗，承继其父徽宗，笃好书画。高宗一朝的书画收藏，已大致恢复到了徽宗朝的规模。画学生的培养条件，也不亚于北宋。

（5）接触的是一等一的朝臣与词人

南宋画家们经常接触到的都是些什么人呢？李光、赵鼎、胡铨、李纲、陆游、杨万里、周必大、范成大、尤袤、张镃等，全是一等一的朝臣与词人，他们的气度、文才，潜移默化，深深感染着南宋的画家们。

宋代士大夫们有一种时尚叫"画像"。苏轼"尝于灯下顾见颊影，使人就壁画之，不作眉目，见者皆失笑，知其为吾也"。好笑吧？看来苏轼的脸部特征确实明显，脸较长。这也许就是民间故事苏小妹怼苏轼"去年一滴相思泪，至今未流到腮边"的由来吧。画家李公麟擅长写真，苏轼请他给自己画了一幅肖像，李公麟也有意思，又在苏轼像旁边画上自己的像。苏轼大笑，"赞云：殿以二士"。

黄庭坚等人看了，也请李公麟给他们画肖像。

到了南宋，画像之风更盛。根据宋人笔记，凡遇考中进士、升官、立功受奖、离任履新等喜事，都要请人画像。私人肖像悬挂在自己的书房中，且题写几句"画像赞"，自我评价，自我调侃，自我勉励，自我反省。前面提到的宋人《二我图》说的即是这个。周必大、杨万里、刘克庄、王庭珪、楼钥等多次写诗感谢画家。根据诗作，陆游至少请人画过八次肖像。

士大夫们爱请画家为自己画像的时尚，到南宋末，发展出了自画像。赵孟𫖯四十六岁那年，为自己画了幅《自写小像》。小像青绿工笔设色，布局精心。小溪清流激湍，两岸翠竹蒙密，几不见天影，环境极为幽深清静。小小一人，头冠巾帽、身着白衫，曳杖立溪岸竹林中，表情平和，气度超脱。

画家与士大夫的往来，除了画像，还有请画家为自己的府邸、园林画屏风等。如庆元六年（1200），张镃的桂隐园建成，马远应邀去给他绘《林下景》。

### （6）可遇不可求的赵氏皇室的引领

当然，要说宋代画家们的福气，更重要的，是他们遇上了历史上难得一遇的赵氏皇室。赵氏皇室在诗词、书画艺术上的天赋、素养、好尚，以及对于美育的要求和引领，确实是宋代宫廷画师们的造化。

由此可知，宋代画院培养出来的画家，人文功底非常扎实，绝非"画匠"所能概括。他们与士大夫们的思想意识、人生理想、生活趣味息息相关。拿刘松年来说，其虽然生活在承平年代，衣食无忧，但胸中自有纷繁复杂的历史，以及其间各种人物的命运，他们的悲喜忧惧、长歌当哭、志得意满，他都能体会。他在谋篇布局、构思情节以及描摹人物时所倾注的感情和心力，足以看出其与画中人、事的同频与共鸣。只有与画中人有着高度契合的意趣，笔下才

元　赵孟頫《自写小像》　故宫博物院藏

能有如此的表现力。他笔下的人物，即使小如芥豆，也能栩栩如生，姿态、神情、心绪、性格，皆有所表现。他被宋宁宗赐金带的画叫《耕织图》，虽然他不亲自去劳作，但他能懂劳作者的辛劳与喜悦。

后人看他的画作，往往会长久被吸引，想象自己就是画中人：或为一读书人，安静从容地坐在书案前，对一炷香，沉醉在书里；或为一雅士，伫立湖边，凝神倾听风声；或为一政客，表面风平浪静，内心波涛汹涌；或为一僧人，靠着古树，思接千载……想象在南宋，不同的人选择刘松年不同类型的画作，或贴在屏风上，或摇在纨扇上，抒发各自的心意。

**6.小品画更能引起现代人的共鸣**

*（1）南宋画家爱画小品画的环境因素*

北宋都城在开封，南宋都城在杭州，一北一南，地貌相差很大。

北宋疆域，大致东北以今海河、河北霸州、山西雁门关为界，西北以陕西横山、甘肃东部、青海湟水为界，西南以岷山、大渡河为界。宋神宗时通过熙河开边收复河湟，宋徽宗时于青海北部置陇右都护府，并重金赎回幽云七州。

南宋疆域，南部和西南边界并没有什么变化，但北界却因金人的入侵而大大南移。绍兴十一年（金皇统元年，1141），宋金议定以淮河为界。第二年又将西部界线调整至大散关（今陕西宝鸡市西南）及秦岭以南。

大凡天南地北旅行过的人，对地貌所能引起的心情变化必有深刻体会。北方的大山雄伟壮阔，何其威武！因此北宋画中多崇山峻岭，纵有溪流，多在山间。南方则大多是丘陵，低缓绵延，山岚浮动，林木葱郁，山石湿润，溪涧清冽，坡石汀渚，柳岸苇舟。于是，南迁的画家开始习惯去表现身边随时可以见到的南方山水。尤其是"画二代"及以后的画家，出生见到的就是南方山水，对北方风景反而是陌生的。这意味着，北宋雄浑壮阔的全景式描述，将逐步演变为南宋精巧简洁的诗意描写。南方山水云遮雾罩，构图也跟着局部化、片断化、小景化。

*（2）今人爱欣赏小品画的自身因素*

当下为何越来越多的人更喜欢宋代的小品画，而不大喜欢充满天地宇宙气象的大幅山水呢？这跟我们的生活环境是分不开的。宋代有地方官三年为一任［元祐三年（1088）后改为两年］的规定，目的是通过频繁调任，避免官员形成割据势力，使中央集权获得加强。同时，朝廷实行"三年一磨勘"的官员考核制度，也促成了官员频繁往返地方与京城。另外，一旦官员犯错或违背朝廷意志，就要遭到流放。以苏轼为例，他自二十岁出川，到六十五岁病逝，一生到过诸多地方，主要是：眉山—开封—凤翔—杭州—密州—徐州—湖州—黄州—南京—颍州—扬州—定州—惠州—儋州—常州。路途上，朝廷虽然会为官员提供官船，但官船数量有限，并非每位外放官员都能享受到此等待遇。如陆游入蜀时，除了官船，还搭了商船与客船。

宋代士大夫们频繁游走，一路所见大山大川不计其数。巍峨高山、寥廓江天、萧萧暮雪、滔滔逝水，日出而林霏开，云归而岩穴暝，野芳发而幽香，佳木秀而繁阴，风霜高洁，飞瀑壮观，一一都已在他们心中留下念想。某天看到画中的山川宇宙，感慨油然而生。

如今，不要说城里人，即便是乡村里的人，大多数也不再走入崇山峻岭。自从有了汽车，坐船的体验也失去了。即便是旅行，也不过是从一个热门景点到另一个热门景点。那种纯粹的自然野趣，已经很难进入我们的生命之中。内心没有种子，是很难引起共鸣的。越来越"宅"的人们，似乎更适合小情小调的画作。一句话，现代人与南宋小品画更配。

南宋扇画那么多，我们暂且取四幅来细看。

**（3）扇画欣赏之一：吴炳《出水芙蓉图》**

绍兴三十一年（1161），自岳飞被害后，金、宋两国维持了二十年的和平，被金主完颜亮打破。宋代罗大经《鹤林玉露》记载，完颜亮是听了柳永《望海潮》中"三秋桂子，十里荷花"而起了南下灭宋之心。

完颜亮"颇知书，好为诗词"，是金国的填词高手。只是他的词横厉恣肆，充满霸气，不可一世。据说，他听闻西湖的"十里荷花"后非常倾慕。"市列珠玑，户盈罗绮，竞豪奢"，这些他在北方领地上也能看到，但十里荷花，却只能开在临安的西湖之上才有味道。他决定派画工混入派往南宋通好的使团中，让其绘制一幅西湖山水图带回去。

关于让画工混入使团这个细节，很有趣，后面会说到。

等完颜亮终于见到这幅画时，发现西湖比他想象的还要美。他立即命人将画裱成屏风，加画上他自己戎装立马于吴山之上，并兴致勃勃地题诗一首："万里车书尽混同，江南岂有别疆封？提兵百万西湖上，立马吴山第一峰。"

不久，完颜亮举兵南下。金军一路攻城略地，势如破竹。完颜亮趾高气扬地跟将领们说，多则一百天，少则一个月，一定能扫平南方。但是，他没想到，过了淮河，在长江边上的采石矶（今安徽马鞍山采石矶），他的军队被南宋军队打得大败。完颜亮生性凶狠，吃了败仗恼羞成怒，大杀将士，不料后方又传来皇室政变的消息，于是发生兵变，他被乱箭射死。从黑龙江到采石矶，完颜亮的生命到了终点，他最终也未能见到西湖的十里荷花。

如果说这场战争就是因为柳永这句"三秋桂子，十里荷花"而引发的，那肯定是言过其实了。但这首词引发了完颜亮对江南、对西湖的向往，那是完全可能的。

南宋的荷花，我们现在还能见到一些，如《荷花图》《渌池擢素图》《太液荷风图》《疏荷沙鸟图》等等。其中有一朵，曾经让我大为惊艳，那就是吴炳的《出水芙蓉图》。

出水芙蓉，马上令人想起北宋周敦颐的《爱莲说》："予独爱莲之出淤泥而不染，濯清涟而不妖，中通外直，不蔓不枝，香远益清，亭亭净植，可远观而不可亵玩焉。"

周敦颐是宋明理学的开山鼻祖，被尊为"人伦师表"。如今杭州清波门附近,有一条不足两百米的窄巷,名叫"孝子坊"。南宋初年,周敦颐的孙子为躲避金兵,逃难来到杭州,居住此地,并为周敦颐立祠,这条巷子由此得名"孝子坊"。

凡是挥汗如雨拍过荷花的人,都知道要将荷花拍好看非常不容易。有一次与朋友交流拍荷花的心得体会。我说很多人拍荷花喜欢取最美的一朵,拍特写,这是尤其要忌讳的,因为那样拍出来的荷花一副"武像",缺少意境。

但猛然间看到南宋吴炳的《出水芙蓉图》,当即明白是自己浅薄了,说到底,还是心境不够,技能欠缺。

宋 吴炳《出水芙蓉图》 故宫博物院藏

《出水芙蓉图》，绢本设色，纵23.8厘米，横25厘米。荷花一朵，占据整个画面，在碧绿的荷叶映衬下尽显妖娆，"出淤泥而不染，濯清涟而不妖"的君子气质表现得十分完美。此画系用没骨法，用笔轻细，不见勾勒之迹，敷色柔美，渲染出花瓣既轻盈又腴润的质感。花瓣层层舒展，花心中的娇蕊环绕着半露的莲房，每片莲瓣的形状、角度、色泽和光感都安排得无懈可击。浅粉色的花瓣、嫩黄花蕊似乎还带有拂晓时分的露珠。用宋徽宗的观画法去看，这正是花苞初发的最佳时刻。微妙之处，使人叹为神工。

试想，这样一把纨扇在手，一扇，荷花摇曳，清风徐来，那是怎样惬意的时光。

（4）扇画欣赏之二：李嵩《市担婴戏图》

如今说到我国叫得响的牌子，义乌小商品市场肯定算一个。

义乌小商品市场是如今全球最大的小商品集散中心。小商品从针头线脑儿、鞋带儿、纽扣儿、拉锁儿、牙签儿到精致的礼品、精美的饰物，从鞋袜、围巾、帽子到服装，从玩具、打火机到电视机、红木家具，从各种五金工具到电子产品等，凡是日用百货中人们能想到的，没有这儿买不到的，且价格低廉。五十万余种商品已辐射到全世界二百多个国家和地区。

但如果要追索义乌小商品市场的源头，有一幅南宋扇画能说明问题，这就是李嵩的《市担婴戏图》。此图绢本浅设色，纵25.8厘米，横27.6厘米。

乡村里，传来了熟悉的"咚个隆咚"声。一位老货郎手摇着拨浪鼓、挑着百货杂物走镇串乡来了。拨浪鼓是一种装有手柄的小鼓，鼓两侧用绳子吊着弹丸，转动鼓柄时，甩动的弹丸击打鼓面，发出声响。由于摇动拨浪鼓可以轻松地发出声响，货郎一般都会拿着它边走边摇告知货来了。

货郎担子引来了成群婴童，一名还在哺乳的村妇也被孩子拉扯

宋 李嵩《市担婴戏图》 台北故宫博物院藏

趋前。孩子们围在一旁，又是焦急又是欢喜，有性急的索性自个儿爬上摊子抓取了。

  图中货郎担上的商品，农具类有斧头、锯子、锄头、木耙等，日用品类有扫帚、畚箕、瓦罐、杯盏、木桶、针线包、草帽、扇子、灯笼等；食品类则可见菜蔬、鱼肉、油盐酒醋和各式果饼。另外，最多的就是儿童玩具了，可辨识的有小鸟、鸟笼、拨浪鼓、小竹篓、香包、不倒翁、泥人、小炉灶、六角风车、雉鸡翎、小鼓、纸旗、小花篮、小笊篱、竹笛、竹箫、铃铛、八卦盘、六环刀、竹蛇、面具、鸟形风筝、瓦片风筝、拍板、长柄棒槌、噗噗噔等等。

真是让人眼花缭乱、目不暇接啊，怎能不让人兴奋呢？

货郎的人物形象，是从宋代开始才进入画家视野的，宋代之前的图像作品中，难觅货郎踪影。

我们小时候，生活中的盼望之一便是听到货郎的拨浪鼓的声音。一旦听到咚咚咚的声音自远而近，在玩的、在做事情的小伙伴们，集体作鸟兽散，全去翻自己的小角落。这个角落里，平时一点一滴积累下牙膏壳、龟壳、破铜烂铁、鸡毛鸭毛等等，全部拿去换东西。别的小朋友与货郎讨价还价时，或央求母亲赞助买点东西时，这边赶紧看货担上的物品，曾经心仪的，新发现的，性价比高但东西一般的，性价比不高却特别喜欢的，是买个与小伙伴一样的还是买个特殊的，总之，心里的小算盘拨得飞快，心情激动，小脸蛋通红。

时代发展说快很快，说慢也很慢。从南宋到我们小时候的约八百年时间里，货郎的叫卖声一直持续着。我们小时候离现在也不过四五十几年，货郎担却已消失得无影无踪，代之以小商品市场。货郎走街串户变成了大家去市场淘货。淘宝出现后，又变成了网上看货下单快递员送货。

回到画上。从绘画来说，货担上五百多件物品绘得杂而不乱，用笔细如毛发，人物精神奕奕，作者李嵩到底是何等高人？

李嵩这个人非常有意思，他原来是个小木匠，因在木器上描线出色，被当时极有名气的宫廷画家李从训发现，先收为徒，再收为养子，传以画艺。李嵩也争气，成了光宗、宁宗、理宗的画院待诏，被时人尊为"三朝老画师"。

可能因为出身乡间，李嵩虽释道、人物、山水、花卉都出彩，但他笔下的乡野具有特别浓厚的生命气息。如今有史可查的第一个"记录"水浒的人，就是李嵩。

当然那时还没有"水浒"这一说法，李嵩画的是"宋江事"。

李嵩晚年，南宋国势开始衰颓，而北方，金人侵袭尚未消停，大蒙古国军队又强势崛起，南侵之势不可抵挡。当时杭州市面上到处街谈巷语"宋江事"，借以鼓励"抵抗"之情绪。李嵩那支惯于画民间线条的笔，就将"宋江事"画了出来。而这一画，更是助推了"宋江事"的传播。后来小李嵩五十六岁的龚开，在画《宋江三十六人赞》时，第一次记录了三十六人的姓名和绰号，第一次用四句赞语点出了人物特性，并正式将"盗贼"变成"英雄"。

(5) 扇画欣赏之三：陈居中《柳塘牧马图》

这幅南宋扇画，看出名堂了吗？

故宫博物院余辉、美国斯坦福大学彭慧萍等学者考据，宋代有一类宫廷绘画非常特别，具有军事情报功能，俗称"谍画"。谍画通常绘于小幅纸绢上，最常见的就是扇画，因扇子属日常用具，便于携带又不引人注意。

谍画范围包括肖像画、山水画与人马画。

肖像画的用途，是通过观察敌国首脑的画像来了解他们的气质、心态、才气和能力，以便决策。早在北宋想灭南唐时，宋太祖便派画家王霭潜入南唐，悄悄画下将领宋齐丘、韩熙载、林仁肇的肖像。宋太祖针对个人特征揣摩他们的内心，制订具体作战计划。南唐猛将林仁肇，是灭南唐的主要阻碍。宋太祖设计，暗中取得林仁肇画像，悬挂在一间豪宅里，并有意让南唐使臣看到，告诉他林仁肇早已暗中归顺，家宅都已置下。南唐后主李煜信以为真，毒死了这员爱将，加速了南唐的灭亡。

山水谍画要求写实精微，取景广，景深大，特别要将关口要隘刻画清晰。如辽宁省博物馆藏的宋人《峻岭溪桥图》，构图一反常规，以一种俯视的角度，不厌其烦地罗列太行山脉的群峰。最引人瞩目的是一条曲折不平的山道，由远而近，从丘陵地带蜿蜒伸向太行腹地。高峻群峰之中，竟然没有一丝云霭，前后山峰之间也无虚

宋 佚名《峻岭溪桥图》 辽宁省博物馆藏

实,它的作用与其说是审美,不如说是行军作战的地图。

最具谍画意义的南宋扇画,还数陈居中的《柳塘牧马图》。

陈居中是宋宁宗、宋理宗时期的宫廷画家。由于外交聘使的身份,他经常绘制一些具有异域风情的历史风俗画作。

扇画《柳塘牧马图》描绘的是金人柳塘浴马的情景。怎么判断是金人呢?骑马者均头戴白毡笠子、髡顶、耳后垂双辫,是典型的女真人形象。女真人为马上民族,浴马本属日常动作,但用谍画眼光分析,此图玄机重重,暗藏杀机。

南宋朝廷刚建立时,金人从北到南一路追击,势如破竹。但过了长江后,屡屡陷于江淮的河港湖汊,女真人不擅水战的弊病暴露无遗,特别是"黄天荡水战",打得金人胆战心惊。因此,在南宋君臣心里,金人不擅水战已成固有观念。

宋宁宗时期,开禧二年(1206),以韩侂胄为首,朝廷发动了大规模的"开禧北伐"。宋金对峙期间,陈居中作为外交团的一员,出使金国。他暗中以画笔记录金人现时的军事情报,是有可能的。

元代陶宗仪《辍耕录》中记载，开禧三年（1207）陈居中已经随使臣入金，并道经山西蒲东（今运城）。蒲东正是金国的边防重镇，也是宋金战争发生的重要战区。

《柳塘牧马图》描绘的并不是日常放松的柳塘浴马。两列马队从两个方向冲向柳塘，形成一定的阵势，马夫俯身直冲，速度非常之快。岸上还有一位身着白衣的女真贵族，盘坐于精美垫子上，打着高高的黄盖，周围有数仆侍立，显然，这是一位颇有地位的军事长官，他正在督导军队训练泅渡。

南宋要北伐，这个情报金人提早得到了。鉴于以往教训，水上

宋 陈居中《柳塘牧马图》 故宫博物院藏

演练不辍。陈居中注意到了这个变化，并将其绘在了扇页上，作为情报带回南宋。这是他作为画家加入使团所带有的政治使命与重要任务。

开禧三年冬，北伐惨败，大批使臣滞留金国境内，生死存亡不可预知，陈居中也是其中之一。其《文姬归汉图》或许就创作于该时期。在屈居于金的背景下，画面中有精细而写实的女真族服饰，有以左贤王为尊的画面安排，有左贤王对来使礼仪有加的刻画，这些都可以窥探到他当时的处境。但"文姬归汉"这一主题本身，就折射出他以画明志的内心。不管对于金人还是汉人，战争总是带来伤亡、流离失所、骨肉分离、文明摧残，唯有和平，才是双赢。

嘉定和议后，宋金关系暂趋缓和。嘉定二年（1209）以后的一段时间，金国松绑滞留的宋使，陈居中得以回归南宋。

（6）扇画欣赏之四：夏圭《临流抚琴图》

夏圭《临流抚琴图》，绢本设色，纵25.5厘米，横26厘米。乍一看，以为是一幅山水画。两棵古树苍健老硬，有蛟龙惊虬之势。树后隐现茅屋一角。远山空蒙，仅以淡墨扫过。远处流来的水，极富动感，似铮铮有声。细看，原来绘有一高士临流而坐，似在抚琴，笔简而神全。整幅画气象萧疏，意境深远。

图中高士，不禁让人联想到一个人。谁？杨缵。

如今提到南宋，有一本书是越不过去的，那就是周密的《武林旧事》。该书是追忆南宋都城临安城市风貌的著作，全书共十卷。周密按照"词贵乎纪实"的原则，将耳闻目睹的事迹写成杂记，详述朝廷典礼、山川风俗、市肆经纪、四时节物、教坊乐部等，对了解南宋社会极具参考价值。

周密《武林旧事》记载的御前画院十人中，夏圭即居第一。或许，按现在的话来说，夏圭与周密属于同一个朋友圈。而这个朋友圈的核心人物即为杨缵。

南宋四雅
书画器物中的南宋生活美学

宋 陈居中《文姬归汉图》 台北故宫博物院藏

宋 夏圭《临流抚琴图》 故宫博物院藏

　　杨瓒，字继翁，号守斋，又号紫霞。其女儿嫁给了宋度宗，为淑妃。他是宋宁宗杨皇后之兄杨次山的孙辈（杨石之子）。杨瓒对南宋文化的贡献，主要是形成并发扬光大了"浙派古琴"。

　　琴，在宋人生活中占了很重要的部分。宋人不同于唐人的昂扬刚健，而是偏重阴柔之美，重视微妙的内心感受，讲究一个内心的迂回和乐趣。琴恰恰是这样一种乐器。

　　好的琴声是活的，清风明月、飞瀑幽涧、鸟鸣花香，一一加入进来，心境随之悠游，流露于指下。琴声愈淡而精神愈足，怡然忘我。夏圭深谙其理，在《临流抚琴图》中，抚琴者与周围景象融为一体。

宋代上层社会普遍好琴。赵氏皇族就好琴,宋徽宗专设"万琴堂"收藏古琴,他的《听琴图》也极为传神。"上有所好,下必甚焉。"朝野上下皆以爱琴为荣。北宋范仲淹、欧阳修、苏轼等众多名臣也都擅琴。杭州西泠印社西面有一泉,叫"六一泉",是苏东坡为纪念欧阳修而筑的。欧阳修自号"六一居士",六个一中"有琴一张"。

客观说,宋词的诞生,古琴功不可没。宋词是配合"曲律"而作的,没有音乐,就没有宋词。有人曾做统计,《全宋词》中有五百九十六首与琴有关,与琵琶有关的约有一百六十首,筝约有一百五十首,琴的地位很是突出。

到了南宋,江南烟水衬托下,古琴更是显现出非凡魅力,上层社会对古琴的热衷有增无减。

浙派古琴的创始人郭楚望,本是南宋光禄大夫张岩的门客。张岩因"韩侂胄北伐失败"而被流放,走之前,他将十五卷琴谱如数交给郭楚望。郭楚望开始以琴为生。

杭州待不下去了,他移居湖南宁远九嶷山下。九嶷山,潇、湘两水汇合于此,据说舜葬于此山。郭楚望每次眺望九嶷山,那山顶总被潇湘之云所遮蔽,就像如今的朝廷,奸臣史弥远一手遮天。郭楚望心中无限的惆怅和愤懑难以排解,于是每回低头,这手指不知不觉间就已摸上了琴弦。浙派古琴的奠基之作《潇湘水云》诞生了。

《潇湘水云》激烈处指法如蛟龙翻滚,炫目华丽,琴音间风起云涌,若江涛狂洒天地,一个加速上升,再一个加速上升,推出、劈、狂吟急揉……那是一种"大复仇"的快感。浙派古琴和失败、愤懑、仇恨、凄凉、沧桑有关系吗?有!一开始就有。所以,浙派古琴也显得特别有张力,明显区别于"媚熟整雅"的阁谱和"声繁以杀"的江西谱。

那不是和水光山色优雅应和,那是对着山川大地恸哭。

郭楚望再也没有回到杭州。但是,他的琴曲,却通过他的学生刘志方传了回来。某天,刘志方的琴音惊动了一个人,这个人就是杨缵。

据周密回忆,杨缵的门客中,徐天民、毛敏仲成了刘志方的弟子。刘志方将郭楚望和他自己所作的许多曲子都传给了他们。这群雅集的人中还有一个高手——宫廷琴师汪元量。

宋度宗虽然不是南宋末帝,但他病逝那年元军已经发起总攻。四岁的宋恭帝继位,谢太皇太后垂帘听政。次年"皋亭山下青烟起",元军攻破杭州城,谢氏率南宋皇族和朝臣降元。

宋度宗的琴师汪元量,自愿选择随三宫(谢太皇太后、全太后、宋恭帝)北行入燕。德祐二年(1276)的早春,寒风冷洌,一大队人马踏上"杭州万里到幽州"之路。汪元量写下那幅场景:"东南半壁日昏昏,万骑临轩趣幼君。三十六宫随辇去,不堪回首望吴云。"亡国之戚,去国之苦,一路不堪凌辱之恨,汪元量皆"涕泣成句"。

汪元量琴技本就非常高超,经过这漫漫长路,内心蕴藏了常人难以想象的深壑,他的琴声里,自然有了常人难以想象的丰富内涵,不可复制不可模仿。到京后,忽必烈及其皇族成员竟然非常欣赏他的琴音,一时,他的琴名在北京传开了。

南方的局势并没有稳定下来,文天祥举兵反元,一时江南以至中原各地群起响应。元军大惧,举四十万大军围剿。两年后,文天祥在广东被俘。忽必烈被文天祥的堂堂仪容、耿耿忠心折服,很想招降文天祥。他先后派南宋原大臣、丞相去劝降,最后把被废的小皇帝宋恭帝派了去,均无效。

汪元量在杭州时就极为倾慕文天祥,听说文天祥被囚,多次前往探视。至元十七年(1280)中秋节,汪元量携琴再去大牢,他要为文天祥弹《胡笳十八拍》。《胡笳十八拍》是文姬归汉时,有感于与亲生骨肉生生分离而作。今夜,在一轮中秋明月下,汪元量对着骨肉分离永难团圆的文天祥,摆好古琴,定一定神,开始弹奏。琴音里有亡国之愤的声调铿锵,有骨肉分离的肝肠寸断,有层层叠叠的思念爱怜,有挥之不尽的哀怨愁思,有欲说还休的凄惨悲凉……全曲跌宕起伏,紧扣心弦,听者无不动容。

此后,汪元量又多次去看望文天祥,两人相对,往事犹如梦寐一般。他们谈故国往事,谈琴……在文天祥的最后日子里,是这位琴师给了他最后的温暖。

夏圭在画《临流抚琴图》时,当然不知道这些后事。也许他只是与杨缵这样的琴者心有共鸣,而在一把纨扇上,留下一幅知音图。但是,作为后人的我们,面对此情此景,难免联想到那一段琴声中的往事。

## (三)南宋皇室与宋画的相互成全

### 1. 美丽的南宋皇宫你可曾见过?

前些年,我在《杭州日报·西湖副刊》"城纪"栏目写了篇《杭州"故宫"》,引来无数疑问:杭州也有"故宫"吗?

当然有啊!南宋建都临安(即今杭州)长达一百四十一年之久。

南宋皇宫有别于我国历史上任何一座皇宫。古代出行多靠水路,当时从钱塘江一上岸,向凤凰山眺望,只见层峦叠嶂中,一带红墙环绕,金顶碧瓦相映,依山而建的宫殿层层上升,不是图画胜似图画。

南宋皇宫面积五十万平方米左右,大约是北京故宫的三分之二。它依山傍水,既依托凤凰山,因山就势,气势浑成,又坐揽浩荡的钱塘江,与水色涛声交相辉映。正所谓"五色波光丽鸦鹊,十分云气近蓬莱"。

西安、北京等故宫,大都呈正方形或长方形,主体建筑设于中轴线上,建筑左右对称,严整有序。而南宋皇宫建在山上,皇城内山岗起伏,地形多变,找不出一条贯通南北的中轴线。东西两边地貌完全不同,西面是山体,山石嶙峋,树木郁然,只有东南部地势较为平坦。因此,南宋皇宫整体呈不规则长方形。这个长方形,又被一个"T"字大致分成三个区域,即:"T"字横线上部是后宫与御苑,"T"字下部一边是正南部的正朝区,一边是东南部的太子东宫。

建筑的因地制宜,平面布局的灵活机动,反而使南宋皇宫极富园林色彩。"随其上下以为宫殿",仅各种各样的亭子就有九十多个。"侧身更上天上行,好风吹下笑谈声。"如此美丽的皇宫在我国历史上独此一座。

只是,如今登上凤凰山,故宫遗迹已荡然无存。我在写《杭州"故宫"》时,曾一次次在那一带转悠。南宋皇城内的主干道,如今是狭窄逼仄纷乱的小路;东宫区到处是随意搭建的简陋棚屋,菜地凌乱,垃圾遍地;凤凰山上,除了偶尔能看到摩崖石刻大字外,已与他山无异。八百年岁月,将一座皇宫消磨殆尽。

但是,南宋皇宫真的无缘得见了吗?不!宋画中留下了很多它的倩影。

**(1)南宋皇宫建筑的因地制宜**

宋画以严格的"写实主义"著称。傅熹年先生在《元代的绘画艺术》一文中说:"宋人画界画主张熟悉建筑构造,故构架和装饰都很真实准确,匠人甚至可以据此造屋。"宋画中的南宋皇宫,极富真实性与现场感,充分展现了南宋特定的时代与地域特色。

南宋皇宫的模样,一部分借宋画得以留存下来,反过来,宋画魅力如此之大，一部分也是靠南宋皇宫的美丽来成全的。

先来看南宋李嵩的《汉宫乞巧图》。

《汉宫乞巧图》，托名"汉宫"，实际所绘乃"宋宫"。这与白居易《长恨歌》是同一套路。《长恨歌》开句"汉皇重色思倾国"，其"汉皇"指的是唐明皇。

画中的建筑非常有意思。地形左低右高，高的不一定是泥土砾石，而往往是岩石，这是杭州的山形特色，在如今的吴山上到处可见。泥土砾石挖掉容易，但岩石很难搬走，所以"随势上下"在岩石上建起楼阁。因为楼阁下面是实心的，这才需要从外面通上去一

宋 李嵩《汉宫乞巧图》 故宫博物院藏

个步道。南宋建筑研究专家傅伯星先生计算,步道共三十二阶。按每阶高15厘米计,总高为4.8米。

高楼连着一个大露台,围以栏杆。有人在露台上乞巧。别看乞巧之人人影很小,此画主题落实在她身上。不过我们今天不说这个。

有趣的是露台下方,原来也应该是岩石。或许是大岩石边上的石块呈零散状,或许是结合上下布局这里需要一个通道,总之,这里开了一个门洞,就像城墙门洞一样。门洞内侧有门与左边的长廊相通。这个门洞开得既实用又灵动,让一组建筑都活起来了,真是神来之笔。

左边是一组长廊,不见尽头。廊外侧为池,有水从廊基下的涵洞中汩汩流出。池中似有假山。内侧有斜栏伸下,地面似比水面还低。一个亭子仅露出四方攒尖亭的尖顶,树木掩映,山影横斜,让人对那边的景致生出遐想。

画中的建筑形制奇特少见,结构复杂,仅凭想象很难画得齐全,应为皇宫中某一建筑群的实景写生,极具现场感。

(2)南宋皇宫建筑中体现的苏轼情结

再来看南宋马麟的《秉烛夜游图》。

记得第一次游江南古镇西塘时,被其廊棚吸引住了。所谓廊棚,是指街巷、过道、走廊这些公共空间上面的棚,天晴时可遮阳,下雨了可挡雨。西塘的廊棚总长达877米,大多沿河。漫步在长廊中,或坐在长廊下,听小船吱呀划过,看河上烟雨弥漫,内心有一种莫名的恬静,仿佛时光静止。

公共空间的廊,极具江南特色,也许是为应对江南多雨的特点而设。廊虽非南宋首创,但南宋皇宫里的廊,各种各样的都有,真正将廊的功能发挥到了极致。整个皇宫中,通过廊的衔接,即使是雨雪天,也能不打伞、不湿鞋就到达各处。

马麟的《秉烛夜游图》,绘有一亭一廊。远景中的山,只敷色

宋 马麟《秉烛夜游图》 台北故宫博物院藏

淡染出山体的基本轮廓,以衬托出夜色的气象。月亮已高悬空中,生出一种虚实相生的美感和诗意。画面中最为醒目的当数左侧的六角亭,此为南宋皇宫中的"照妆亭"。亭子两边有很长的长廊,像列车车厢一般。

夜色中,海棠盛开,满园的海棠树,在墨色的变化中显得层次有致。海棠花在浓淡不一的树叶间如同粉红色的繁星,璀璨可爱。主人据太师椅当门而坐,似在品赏夜海棠花的风姿。他左腿盘起放在椅子上,两手扶着膝盖的位置,是一种很放松的姿势。也许是面对美景心情愉悦而放松。

宋 佚名《宫中行乐图》 故宫博物院藏

  从照妆亭出来，下台阶，两侧分列四组八根高高的烛台。有的烛台旁还站有侍从。在没有电灯的时代，夜色笼罩下，借着烛光于庭院赏花，倒是显得格外雅致。蜡烛微弱的光芒，与花的娇羞相映衬，这种美，现代人很难体会。

  其实，《秉烛夜游图》可以和南宋的另一幅扇画《宫中行乐图》对照着看。在《宫中行乐图》中，画面中间为一大殿，下方有一个长廊，长廊升高处的转折，在《秉烛夜游图》中也有露出一角。长廊往上露出了一个亭子尖，尖顶形状与《秉烛夜游图》中的亭子尖顶一模一样。亭子往上，是一片树林，从树枝树叶的形状看，亦与

《秉烛夜游图》中的海棠树类似。由此推测，南宋皇宫中的确有这么一个地方，《秉烛夜游图》是从大殿往长廊方向画，而《宫中行乐图》是从长廊往大殿方向画。

为何说《秉烛夜游图》中的亭子就是照妆亭呢？周密《武林旧事》卷四"故都宫殿"中说到一个亭子，名叫"照妆亭"，夹注"海棠"。由此可知，画中地点为南宋宫廷的照妆亭。而"照妆"，取意苏东坡诗"只恐夜深花睡去，故烧高烛照红妆"，这与图中高烛、海棠花、当空明月高度契合。这也从一个侧面反映出南宋宫廷对苏东坡的高度推崇。

南宋宫廷推崇苏轼，也是有历史背景的。

因党争而被北宋朝廷一贬再贬的苏轼，却得到辽金的崇拜。宋元之际的袁桷，在《乐府郎诗集序》中说道："方南北分裂，（辽金）两帝所尚，唯眉山苏氏学。"金朝文化领袖蔡松年、赵秉文等都是苏轼的坚实拥趸。

金朝对苏轼的崇尚，对南宋产生了政治和文化上的双重倒逼。当时金国盘踞中原、承接北宋文学与绘画之盛，俨然以继承正统文化的合法政权自居。对此，南宋建立者宋高宗为"元祐党人"平反以笼络人心，对苏轼"赠资政殿学士，以其孙符为礼部尚书。又以其文置左右，读之终日忘倦，谓为文章之宗，亲制集赞，赐其曾孙峤。遂崇赠太师，谥文忠"。《鹤林玉露》记载了宋高宗在常州报恩寺喜得苏轼壁题的轶闻。宋高宗还亲书《后赤壁赋》，与宫廷画家马和之的《后赤壁赋图》同装。该卷今藏故宫博物院。

于是，南宋初年，元祐学术也变得极为兴盛，出现了苏文的传播高峰。到了宋孝宗时期，苏学热度不衰，陆游《老学庵笔记》说得有趣："建炎以来，尚苏氏文章，学者翕然从之，而蜀士尤盛。亦有语曰：'苏文熟，吃羊肉；苏文生，吃菜羹。'"

说回《秉烛夜游图》，图中美丽的长廊，让人不由得想起南宋皇宫中绮丽的锦胭廊。前面我们说过，皇城结构大致呈"T"字形，而那道横线即为锦胭廊。

它不是一条笔直的路，而是"廊"，是一条顺着坡地蜿蜒的廊，陡的地方，成了"爬山廊"。据《行宫记》，该廊长一百八十楹，约为现在的九百米。廊的建法，亦同宫殿，两侧都装上可以拆卸的木格子长窗。夏天的锦胭廊，两侧空空如也，通透凉爽。冬天，两旁挂上棉帘，远望就像一列长长的车厢。人行其中，可免受风雪之苦。锦胭廊外，有"梅花千树，曰梅岗亭，曰冰花亭"。站在锦胭廊往西看，凤凰山仙气蓊郁，宫殿层层铺排。往北看，小西湖就在脚下。湖光山色，令人心旷神怡。

(3) 南宋皇宫中美丽的爬山廊

既然说到爬山廊，再来看马麟的《楼台夜月图》。

南宋皇宫沿凤凰山而筑，有的建筑位居高处，所以南宋宫苑中的人有一种其他皇宫中的人不可能有的享受，即登高望远，或观天赏月。同时，山上也是焚香祷祝的理想场所。我们在"焚香"一篇说到，在皇宫高高的西北角，怪石夹列、林木蓊郁间，"一山崔嵬作观堂，为上焚香祝天之所"。每天天一亮，吴山上的三茅观就响起钟声，观堂之钟也随之敲响。皇帝洗漱已毕，在一尼一道的陪侍下，上山，进入观堂，焚起香，虔心祈祷。

一尼一道陪侍皇帝上山，走的即是爬山廊。马麟的画作给了我们直观感受。

马麟的《楼台夜月图》中，爬山廊连接下方的方亭与上方的主殿，对面高耸的远山暗示了此处地势极高。站在殿前的观景台向下俯瞰，可见远处一个红色的秋千。这幅画其实可以与他父亲马远的一幅画对照着看，很可能他们画的是同一建筑。

马远的《楼台春望图》，图右下角有个红色的秋千，与马麟的《楼台夜月图》右下角的秋千应该是同一个。再看图中的山，马远的

南宋四雅
书画器物中的南宋生活美学

宋 马麟《楼台夜月图》 上海博物馆藏

宋 马远《宋帝命题册·楼台春望图》 私人收藏
宋 马远《宋帝命题册·青峰夕霞图》 私人收藏

在左,马麟的在右,但山形几乎一样。马麟的爬山廊,在马远画的左下角出现了一小段。只是,对于画中主殿来说,马远的角度在其稍右,稍稍仰视。而马麟绕到了主殿稍左,且有点俯视。这说明,皇宫中确实有这么一组建筑。

其实,马远也画过爬山廊。在其《青峰夕霞图》中,连绵翠竹显示这是夏季的皇宫。远山的山形、左下角掩映在竹海里的建筑群,衬托出右边建筑群地势非常之高。从下面延伸上来的一条长廊,先是接到一处歇山顶大堂,旋即右转出画面,再折回上行连到一座四面攒尖亭。因是夏季,长廊每一个开间的格子窗都已卸去,行走其间,山风阵阵,很是惬意。

**(4)南宋皇宫最有创设性的木格子门窗**

在以上的图中,几乎都出现了木格子门窗。要说南宋皇宫最有创设性的建筑构件,非木格子门窗莫属。

我们小时候,街边的店铺都有排门。早上起来,什么叫"开店门"呢?将排门一扇扇卸下来,里面的柜台全暴露在外,就是开始营业了。什么是"打烊"呢?将排门一扇扇装上,就是关门停止营业了。

这也许就是南宋建筑的遗风。

南渡来杭的中原贵族无法忍受杭州多雨、潮湿、冷热悬殊的天气,想到了装木格子门窗的办法。将屋子四面夯土墙与墙上固定的窗棂一起拆除,改成可以随时装卸的木格子门窗,墙窗合一。一到炎夏酷暑,尽行拆去,屋子变成了凉堂。夏去秋来,再渐次装上。到了冬天,将木格子门窗全部装上,裱糊上窗纸,再加上内外两重帘幕,就足以御寒了。

傅熹年先生说:"这种自上至下全为格眼的格子门不载于《营造法式》,敦煌唐宋壁画和现存唐、宋、辽建筑物中都未见过,也不见于……现存确切可信的五代至北宋绘画中。它始见于传为南宋萧照画的《中兴瑞应图》中。"南宋中期以后，格子门在院画中大量出现。

宋人《拜月图》中，木格子门窗已尽皆卸下。而刘松年《四季山水图》之冬景中，木格子门窗已全部安上，当中一间垂着整幅门帘。一人正掀帘欲出门，从其动作看，门帘相当厚实，保暖效果应该很好。

傅熹年先生曾专门对照宋画研究过南宋的木格子门窗，他得出结论："从诸图中都画有这种格子门看，它应是始于南宋初，至中期光宗、宁宗时大为盛行的。综观诸图所绘，可以看出它的使用特点是：在冬天气候寒冷时，满装在台基边缘，把房屋包起来，有时还在其外再加一层木条压缝的挡风板。春、夏、秋季节撤去大部分格子门，只留横披或把横披一并撤去；有时留横披，下部在柱间装木栏杆，内部于檐柱间挂竹帘。所以它的功用是在冬季装上，以便保温防风，其余时间撤去，以利于通风，是一种便于拆装的轻型装修。"

木格子门窗大量运用于皇宫里的建筑。前面说的爬山廊，夏天拆去木格子可享受阵阵清风，冬天装上木格子并挂上棉帘，保暖如车厢。皇宫的其他建筑，无论是殿、堂，还是馆、阁，也都是这一风格。其他朝代的帝王无法想象的"宅家之乐"，南宋帝王因得天独厚的地理位置，得以实现。

**2. 亲自出镜的南宋帝王**

马远与马麟这对父子，很有意思。马家自北宋就供职于宫廷，一连五代都是画院画家，家学渊源深厚，山水、人物、花鸟等无所不精。到了他们父子这里，专爱画人。画中人被后人解读为高士、文士、士大夫、隐士等等，总之意思均指向文人。

真是这样吗？他们父子俩的画看多了，觉得存在另外一种可能

挂画篇

宋 佚名《拜月图》(局部) 台北故宫博物院藏

宋 刘松年《四景山水图》(冬景局部) 故宫博物院藏

性：马远画的是宋宁宗，马麟画的是宋理宗。

**（1）郁闷的宋宁宗**

在2009年首都博物馆举办的"盛世气象·海峡两岸收藏家高端文物展"中，一套《宋帝命题册》备受瞩目。在2016年上海龙美术馆举办的"敏行与迪哲"宋元书画私藏特展上，该套册页再度引起收藏界热议。

《宋帝命题册》包含十页，每页左侧为一幅绘画，右侧配一书法。画心尺寸长28厘米、高27厘米，绢本设色，水墨与青绿设色。

根据考证，十幅书法作品皆是宋宁宗手笔，所书诗句为杨万里、王安石等前贤或宋徽宗所作。宋宁宗写下这十幅书法后，命宫廷画师马远配图，所以图中的白衣高士均是宋宁宗本人。

如《楼台春望图》，诗句来自杨万里的《岭云》："好山幸自绿巉巉，须把轻云护浅岚。天女似怜山骨瘦，为缝雾縠作春衫。"诗中描绘的是春天的山景。

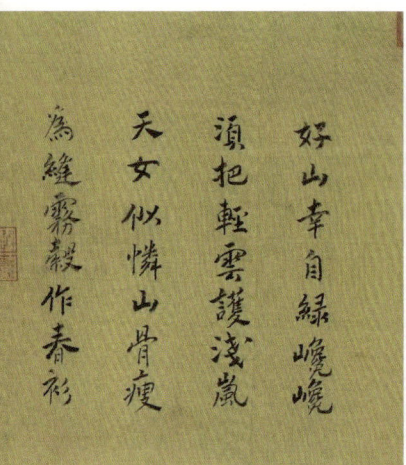

宋 马远《宋帝命题册·楼台春望图》 私人收藏

对杨万里,宋宁宗是非常熟悉且了解的。宋宁宗的父亲宋光宗为太子时,杨万里是东宫侍读。杨万里立朝刚正,遇事敢言,指摘时弊,无所顾忌。他的诗词既诙谐幽默、富于情趣,又有"扫千军、倒三峡、穿天心、透月胁"的雄健奔逸气势。对这个活得潇洒的侍读,宋光宗羡慕不已,还写诗赠送给他。对这样一位个性独特且诗名广播的朝臣,以宋宁宗那优柔寡断的性子,内心肯定是倾慕的。

杨万里的刚直得罪了宋孝宗,被外派。光宗上台后召他回朝廷,他又得罪了宰臣,干脆辞官回老家去了。宋宁宗即位后,几次召杨万里赴京,杨万里辞谢不往。但宋宁宗还是不忘杨万里,赐其衣带,将其官阶一升再升。

马远根据诗意,描绘了凤凰山的春天,青山绿意蒙蒙,岭上云遮雾绕。宋宁宗倚坐在一遒劲青松下,欣赏着云雾中的青山,身后有个抱琴小童。宋宁宗是将杨万里当作知音吗?知音难觅,而此知音只余遥遥念想了。

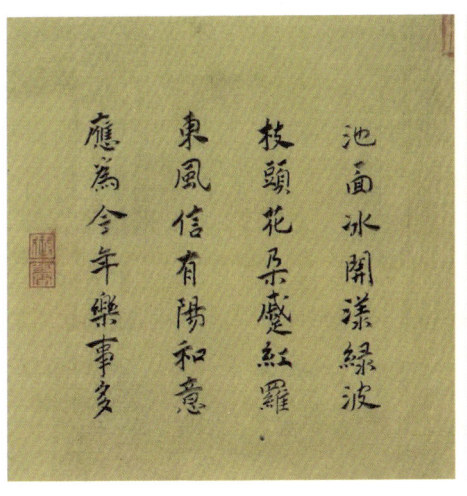

宋 马远《宋帝命题册·阳合生意图》 私人收藏

《阳合生意图》，诗句来自宋徽宗的《二家宫词》："池面冰开漾绿波，枝头花朵蹙红罗。东风信有阳和意，应为今年乐事多。"

宋徽宗笃信道教，他的这首诗有道教语境。"阳合生意"是指冬去春来，阳气回来了，万物又开始生长。诗中写池面的冰解冻了，荡漾着绿波，树枝开出了朵朵红花。东风有信，节气一到就吹来暖风，看来今年年成不错，乐事儿多。

宋宁宗选取徽宗的这首诗，应该是他心头在盼望着一件美事。是什么呢？也许是北伐，收复山河，但更有可能是盼着一位皇子降生。也许此时后宫已有怀孕之人。毕竟，宋徽宗一生总共有三十八个儿子，其中二十五个活到了成年。而自己呢，一个个皇子都早夭了。

马远根据诗意，画湖边一平台，两株红梅开得正好，宋宁宗腰板笔挺，站在平台上眺望开冻的湖面，因晓寒而神清气爽。

图中的梅花真好看啊。马远特别喜欢画梅花，流传下来的梅花图有《林和靖月下赏梅图》《梅石溪凫图》《梅花书屋图》《雪履观梅图》《梅溪放艇图》等。喜欢梅花的人，一般都有倔强的意志。你看马远的"马拖枝"，就有一股不屈服的张力。这个个性和宋宁宗正好互补。

《阳合生意图》中，梅花全开的那种韵律，与宋宁宗的精气神高度合拍。不得不佩服马远的笔力。

如果嫌前面图中白衣高士的面容不清楚，不能判断他到底是不是宋宁宗，那么，正面的来了。

《和王规甫司勋见赠图》，诗句来自北宋邵雍的《和王规甫司勋见赠》："何止千年与万年，岁寒松桂独依然。若无杨子天人学，安有庄生内外篇。"

邵雍是个诸葛亮般的人物，精通易学，是历史上著名的预言家。邵雍学问渊博，德行纯正，料事精准，当时的官员、士子到洛

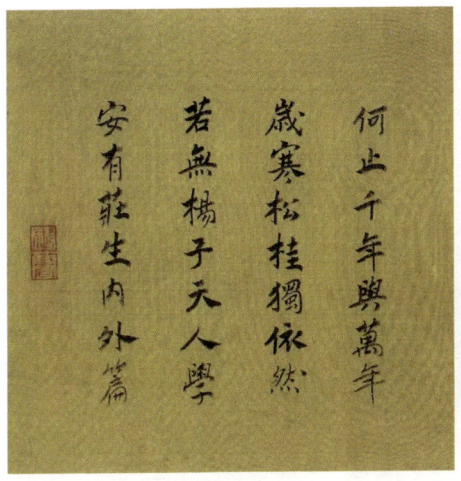

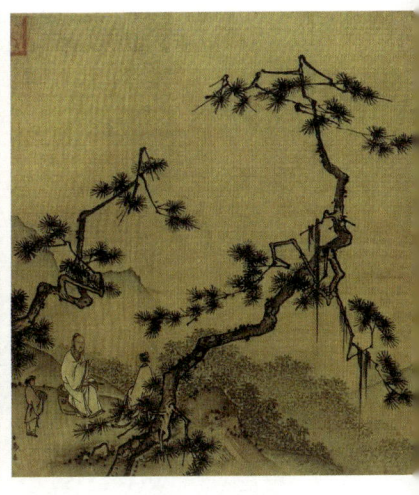

宋 马远《宋帝命题册·和王规甫司勋见赠图》 私人收藏

阳，即使不去拜访官府，也必会去拜望邵雍。司马光以邵雍为兄，二人品德高尚，时人训斥孩子往往说："你做坏事的话，恐怕司马先生、邵先生会知道的。"

这首诗，其实后面还有四句："已约月陂寻白石，更期金谷弄清泉。谁云影论纷纭甚，一任山巅复起巅。"总体来看，是说人与万物的关系。历史上一代代人走过，伴随是非曲直议论纷纷，但在大自然面前，只不过是瞬间而逝，就像庄周梦蝶，好像也没必要去搞清楚。

这首诗，估计是痛苦中的宋宁宗的安慰剂。当他犹豫、苦恼、懊悔、徘徊、沉沦时，写一写这首诗，情绪便得到平复。

马远怎么来体现诗中的哲理呢？他画了两个人坐着论道，边上小童子候立一旁。这两个人，一个是宋宁宗，一个是邵雍，宋宁宗右手抬起似乎正说着什么。

这是十幅图中唯一一幅白衣高士有正面像的。正面照很清晰，

宋 马远《宋帝命题册·和王规甫司勋见赠图》(局部) 私人收藏
宋 宋宁宗坐像 台北故宫博物院藏

到底像不像宋宁宗呢？当然像。

（2）宋宁宗为何要画下自己寄情山水的形象？

宋宁宗曾经是南宋子民寄予厚望的年轻帝王。他是在毫无思想准备的情况下提前继位的。他父皇宋光宗精神有问题，身体也不好，还非常惧内，在皇后的挑唆下，宋光宗的父亲宋孝宗去世了，他也不出面料理后事。出于无奈，赵汝愚、韩侂胄等率文武百官在孝宗灵柩前请求太皇太后吴氏（宋高宗皇后，宋孝宗之母）宣示光宗禅位诏，让太子赵扩继位来主持葬礼。赵扩不愿意，吴太皇太后好言相劝，替他穿上龙袍，文武百官立即跪拜山呼万岁。赵扩这才登位，史称宁宗。这就是历史上著名的"绍熙内禅"。

宋光宗在位五年，病情时好时坏，无法正常处理朝政，"政事多决于后",大权旁落李皇后之手。李皇后生性妒悍,一方面有着强烈的权力欲,另一方面却无处理朝政的能力。除了给娘家人封官外,毫无建树,因此搞得朝堂乌烟瘴气。这种情况下,无论是皇室、朝臣还是百姓,都对二十七岁的新任帝王充满期待。

宋宁宗继位第二年,即罢免赵汝愚,开始了韩侂胄专权的年代。当时,金国的皇帝是金章宗完颜璟,国内政权混乱,经济疲敝,国库空虚,已显国势日衰之相。韩侂胄集团全是主战派,鼓捣宋宁宗北伐。

就宋宁宗来说,一是天性懦弱,遇事犹豫不决,摇摆不定,容易被权臣牵着鼻子走。二是年轻,年轻的帝王往往有洗刷前朝之耻的冲动,就像当年的宋神宗坚决支持王安石变法一样。宋宁宗内心也是有"北伐"这颗种子的,他喜欢的杨万里就是主战派。

嘉泰四年(1204),宋宁宗追封岳飞为鄂王。改元开禧,取的是宋太祖"开宝"年号和宋真宗"天禧"的头尾两字,表示了南宋的恢复之志。开禧二年(1206),改谥秦桧为"谬丑",下诏追究秦桧误国之罪。此举被认为是平反岳飞案件最彻底的一次。这些措施,有力地打击了主和派,使主战派得到了鼓舞,很得民心。同年五月,宋宁宗下诏北伐金国,史称"开禧北伐"。

可悲的是,北伐失败了。

仗打败了,金国提出的议和条件之一,是要韩侂胄的人头。礼部尚书史弥远老早就想扳倒韩侂胄,趁机上奏要杀韩侂胄以平金国怒火。宋宁宗反问史弥远:如果金人要你的脑袋,朕给是不给?

宋宁宗不杀韩侂胄,但另一个实权派人物要杀他。谁?杨皇后。

杨皇后是宋宁宗的第二任皇后,原先的韩皇后是韩侂胄的内侄女。韩皇后病逝后,最受宠的嫔妃有两位:杨贵妃和曹美人。韩侂胄建议立性子柔顺更容易掌控的曹美人,可杨贵妃更有手段,逼着宋宁宗立了她为皇后。后来她得知韩侂胄的建议后，对韩耿耿于怀，一直找机会要除掉他。

于是，杨皇后与史弥远合谋，由杨皇后矫诏，杀了韩侂胄。宋宁宗是在韩侂胄死后第三天才得知此事的，且不敢相信。

开禧北伐以失败告终，韩侂胄首级送到金国后，双方达成了嘉定和议，南宋在对金关系中的地位再次下降。

从嘉定和议开始，南宋历史进入了史弥远专权的时期。此时已四十一岁的宋宁宗经历了这么多朝局的翻云覆雨，也许意识到是非对错根本扯不清楚，他早已经习惯了重臣执掌朝政，现在只不过换了一个人而已。

宋宁宗有九个亲生儿子，却全部早夭，没有一个活到成年。连过继的儿子赵询，已经立为太子了，还是在二十九岁那年病逝，谥号景献太子，与庄文太子一起葬在杭州的太子湾。这是如今杭州西湖太子湾公园地名的由来。

宋宁宗二十七岁登上皇位，半辈子下来，继承人问题没解决，北伐失败，朝政被权臣控制，皇宫里由皇后说了算，想想也是够窝囊的。也许，寄情山水正是他得以延命的法宝。

《宋帝命题册》如同一把钥匙，一下子为我们打开了通往宋宁宗内心世界的大门。熟悉宋画的人都知道，马远爱画月亮。《月下把杯图》《邀月就梅图》《月夜拨阮图》《举杯邀月图》《松荫玩月图》等等。而在他的月亮图中，经常有位白衣高士斜倚身子，或抬头遥望月亮，像在叹息，或低头回避月亮，沉吟不语。

现在看来，那都是郁郁不得志的宋宁宗。或许他是个失眠的人，日复一日的失眠夜，只有月亮的清辉安抚了他。一个帝王的喜忧，大臣们并不能完全体会，而在一个他不设防的画家那里，反而显露无遗。

宋 马远《对月图》 台北故宫博物院藏
宋 马远《松间吟月图》 台北故宫博物院藏

### (3) 音乐家宋理宗

说完马远说马麟。

马麟是马远的儿子,继承了马远的绘画衣钵。宋理宗是宋宁宗过继的儿子,继承了宋宁宗的皇位,马远是宋宁宗的御用画家,马麟是宋理宗的御用画家。

以南宋皇宫为背景的画中,马远的白衣高士大多是宋宁宗,马麟的白衣高士则基本是宋理宗。否则,《秉烛夜游图》中的人,夜晚赏个花哪有那么大阵仗。

马麟还画有《深堂琴趣图》。在小小纨扇上,构图偏于左下角。远山一带,巨壑空茫。高耸的树木掩映着堂屋。屋前一条石铺小径转折向左。空旷的平台上,一巨石如野兽,打破了单调。平台外空茫一片,可以感知这建筑应在半山腰。

放大看,深堂内置大屏风,窗牖俱紧闭,而正门却大开,一白衣高士端坐操琴,童子侍立一旁,这个布局,能让琴音更好地传出堂外。平台上双鹤闻乐起舞,而庭石上又有青松一株,遥承琴声,而成风入松。整个画面虚实掩映,向背分合,无一闲笔,皆为琴声而设,观者似乎能听到琴声与清风相应和,在山间萦绕回荡。

从此图可知,马麟必懂古琴。而图中建筑,是典型的南宋皇宫景致,白衣高士,应为宋理宗。

宋皇室几乎每任皇帝都爱琴,而琴艺则有深有浅。宋理宗是琴艺高深的那个。为何这么说呢?

宋理宗时期,有个与皇室来往密切的人,他的女儿后来成了宋理宗继承人宋度宗的淑妃。这个人叫杨缵,前面我们说到过。

杨缵有特别的音乐天赋,对古琴尤其造诣深厚。他自己会作曲,所作琴曲平淡清越,犹如天籁。他的鉴别能力很强,合奏中稍微有点走音,他马上就能觉察,所以国工、乐师无不叹服。

杨缵识得浙派古琴创始人郭楚望的弟子刘志方后,两人经常

宋 马麟《深堂琴趣图》 故宫博物院藏

在一处切磋抚琴心得,对浙派古琴的探讨极为深入。杨瓒曾经访求嵇康的"四弄"遗声,从各地陆续汇集了十多种,经他一一细品,全给否定了。后来,他的门客徐天民从吴中何仲章处得来一本曲谱,杨瓒听了,首肯道:"这才是嵇康的真品。"于是,他干脆做起搜集和整理古琴曲谱的工作。晚年更是和门客们一起订正了琴曲四百六十八首,编为《紫霞洞谱》十三卷。

《紫霞洞谱》不仅在当时引起轰动,还深深地影响着后世。经杨瓒的参与和努力,浙派古琴的激越得到安抚,音色渐趋平淡清越。

宋理宗与杨缵，关系非同一般。

上面我们说到宋宁宗生了九个儿子，均早夭。过继来一个儿子，养到二十九岁病逝，那时宋宁宗已经五十三岁，不得不再从宗室寻觅继承人，这次选出来的太子叫赵竑。赵竑对史弥远专权非常不满，曾书"史弥远当决配八千里"，他还指着壁上地图中的琼崖说："我今后要是得志，就要把史弥远发配到这里。"史弥远听了以后非常害怕，决心先下手为强。

嘉定十七年（1224），五十七岁的宋宁宗驾崩，史弥远联同杨皇后假传宁宗遗诏，废太子赵竑为济王，立沂王赵贵诚为新帝，是为宋理宗。史书记载，赵竑在愕然之中，见到了新皇帝登基，百官朝拜。赵竑认为当皇帝的应该是自己，因此不肯朝拜，结果被别人强摁着头下拜。

所以说，宋理宗的上位离不开杨皇后的支持。在宋宁宗驾崩、太子上位的关键时刻，是杨皇后矫诏，他才得以登上皇位。因此，宋理宗投桃报李，对杨太后"孝顺"有加。杨太后只有一房娘家人，即兄长杨次山。杨次山有两个儿子，杨谷与杨石。杨太后对这俩侄子百般照顾，宋理宗自是与他们交往密切。

密切到何种程度呢？在位四十年的宋理宗早年有两个儿子，名缉，名绎，但都早夭了，此后再没有儿子出生。在他三十七岁那年，贾贵妃为他生下了一个女儿。"帝无子，公主生而甚钟爱"，就这一根独苗苗，想不宠爱也难。何况，在南宋的一百五十三年之中，历经九任皇帝，仅仅出生了八位公主，这些公主有人出生不久就夭折了，有人还没等到父亲即位就去世了，活到成年且出嫁的，只此一个公主。

公主嫁给谁了呢？杨镇，杨太后之兄杨次山的孙子。而杨次山另外一个孙子，就是杨缵。

除了这层关系，宋理宗和杨缵很可能是古琴知音。这就要说到宋理宗御用画家马麟的另一幅作品《静听松风图》了。

《静听松风图》是一幅绢本设色的山水画，纵226.6厘米，横110.3厘米。画上有理宗亲笔题的"静听松风"四字，题字下钤有"丙午"篆书阳文印。"丙午"是理宗淳祐六年（1246），这幅作品或作于此时，至少不会晚于这个时期。画的左下角款"臣马麟画"。

《静听松风图》画的到底是不是宋理宗呢？来对比一下。

淳祐六年，宋理宗四十二岁，当皇帝已经二十三年了。宋理宗继位的前十年都在权相史弥远的挟制之下，自己对政务完全不过问。绍定六年（1233），掌权二十六年的宰相史弥远去世，蛰伏已久的宋理宗终于开始了他的亲政之路。次年，即1234年，他将年号改为端平。也即这一年，南宋联大蒙古国灭金，所谓洗刷了"靖康耻"。从端平元年到淳祐十二年（1252）的近二十年间，宋理宗在政治、

宋　马麟《静听松风图》（局部）　台北故宫博物院藏
宋　宋理宗坐像　台北故宫博物院藏

军事、文化等各个方面进行一系列的改革,史称"端平更化"。这是南宋朝廷的最后一抹亮色。

《静听松风图》作于"端平更化"的后期。此时的宋理宗,皇位来路不正的隐患已彻底消除,皇权在握,政治成熟,内心对"端平更化"还是有些志得意满的。但精明的宋理宗自然知道自己身处更深的国内外重重危机之中。

也许某个傍晚,他在皇城中漫步,走到一巨松下歇息,正好清风徐来,松针发出的窸窸窣窣的声响吸引了他,擅长古琴的他,马上想到了古曲《风入松》。

古琴有曲《风入松》,相传为嵇康所作。唐僧皎然有《风入松歌》,歌词为:"西岭松声落日秋,千枝万叶风飕飗。美人援琴弄成曲,写得松间声断续。声断续,清我魂,流波坏陵安足论。美人夜坐月明里,含少商兮照清徵。风何凄兮飘飗,搅寒松兮又夜起。夜未央,曲何长,金徽更促声泱泱。何人此时不得意,意苦弦悲闻客堂。"北宋中期,新词牌次第诞生。词人晏几道感怀皎然的《风入松歌》,创制了词牌"风入松"。

对音乐敏感的宋理宗,沉醉在这一刻,留恋这一刻,想要留住这一刻。

可是,这对于马麟来说要求实在太高了。画,是一门视觉艺术,留住的是形象。现在要用画来留住声音、留住陶醉,简直是不可能完成的任务。

但马麟完成了,这才有了让一代又一代后人沉醉其间的《静听松风图》。他是怎么画的呢?

画中的景物描写,都是围绕"听"这一主题。远山的倩影和近处溪中的潺潺流水,衬托出画面的空旷和幽邃。两棵苍劲巨松,一扎根在山石间,一偃仰在水边,构成了画面上的主体景物。清风吹来,松针、藤萝等都随风势翻飞,风声、水声、远处山谷的回声在

挂画篇

宋 马麟《静听松风图》 台北故宫博物院藏

空中回荡。

宋理宗坐于松下，正凝神倾听风入松。一童子立于侧前方，似乎也在感受风声。马麟是怎么刻画宋理宗的呢？只见他头戴纱巾，细目长须，袒露着胸膛，屈膝倚松而坐，此神态正应和了东晋陶渊明《归去来兮辞》里的两句话："抚孤松而盘桓"，"临清流而赋诗"。摆脱朝堂无限烦恼，归隐田园，何尝不是帝王们偶尔会升起的一个念头。

他的脸侧向左边，眼睛定定的，耳朵也被特别强调。他正在凝神倾听风拂过松针的飒飒声，手中的麈尾掉地上也毫无感知，显然已为这大自然的美妙声韵所陶醉。古人将松柏看作木中之"幽韵气清"者，松风之清越，即庄子所谓的"泠风小和"之音，是一种天籁。这种优美的清冷之音，很能引人遐想，启人幽思。整幅画表现出一种格韵高绝的音乐之美，使观者如临其境，如闻其声。

马麟对宋理宗，可真体贴入微啊，既有这份体贴的心，也有体贴的能力。

但要说最体贴的，还不是《静听松风图》，而是《夕阳秋色图》。

**（4）南宋王朝最后的温暖：无人胜有人**

《夕阳秋色图》，绢本设色，横27厘米，纵51.5厘米，为宋理宗赐周汉公主之物，现藏日本根津美术馆。

周汉公主，即我们前面说的宋理宗唯一的孩子，嫁给杨太后侄孙杨镇的那位。无论宋理宗多么宠爱这个女儿，女孩子总要嫁人的嘛。

景定二年（1261），公主二十一岁，宋理宗五十七岁，公主下嫁。这是一场场面非常宏大的婚礼，《武林旧事》记载了整个婚礼举办过程。宋理宗舍不得女儿，遂在皇宫附近给公主另起一座府第。公主府极其豪华，比宫苑还要气派。皇帝想见公主时，就带几个宫人，乘坐布顶小轿，从后门进出，不一会便可见到。

告别女儿，宋理宗还有件礼物相送。这件礼物，要马麟来成全。

马麟是怎么画一个老父亲对即将出嫁的小女儿的眷恋的呢？

该画上半部分有宋理宗所书"山含秋色近，燕渡夕阳迟"。借这两句题诗，索性说说我们理解的"马一角，夏半边"。"马一角"说的是马远的画经常只画一个角，夏圭的画经常只画半边。这种绘画形式的出现不是偶然的，我们认为有三个成因。

一是直接起因。马远、夏圭的绘画生涯主要在宋宁宗、宋理宗时期。宋宁宗及其杨皇后都是书画爱好者，喜欢在马远、马麟、夏圭等宫廷画家的画作上题字，宋理宗继承了这一雅好。对于一个宫廷画家来说，画作得到帝后的题字是最高奖赏，有了一次便盼着第二次，以至于形成一种惯例，在作画布局时，预先将题字的空间留出，以待好事发生。

二是南方的景色与北方不同，特别是凤凰山上的南宋皇宫，景致经常云罩雾遮，映射到画面上，便成了大块留白。而画家们发现，这种大片留白，只画一角、半边的做法，反而使画面主体更为突出，意境也更为深远。

三是南宋的宫廷画家笔力已经成熟，这才敢于"留白"。画得很少的前提，是必须画得非常精准，以精准的几条线去启发观者无穷的想象力，去感染观者无际的情愫。而留白也成为中国绘画史上非常惊人的成就。

回到《夕阳秋色图》。"山含秋色近，燕渡夕阳迟"这两句诗并非宋理宗原创，而是取自唐诗。唐代诗人刘长卿作有五言律诗《陪王明府泛舟》："花县弹琴暇，樵风载酒时。山含秋色近，鸟度夕阳迟。出没凫成浪，蒙笼竹亚枝。云峰逐人意，来去解相随。"宋理宗取其三、四句，并将第四句中的"鸟度"改为了"燕渡"。诗句的后面，还有"赐公主"三个小字。

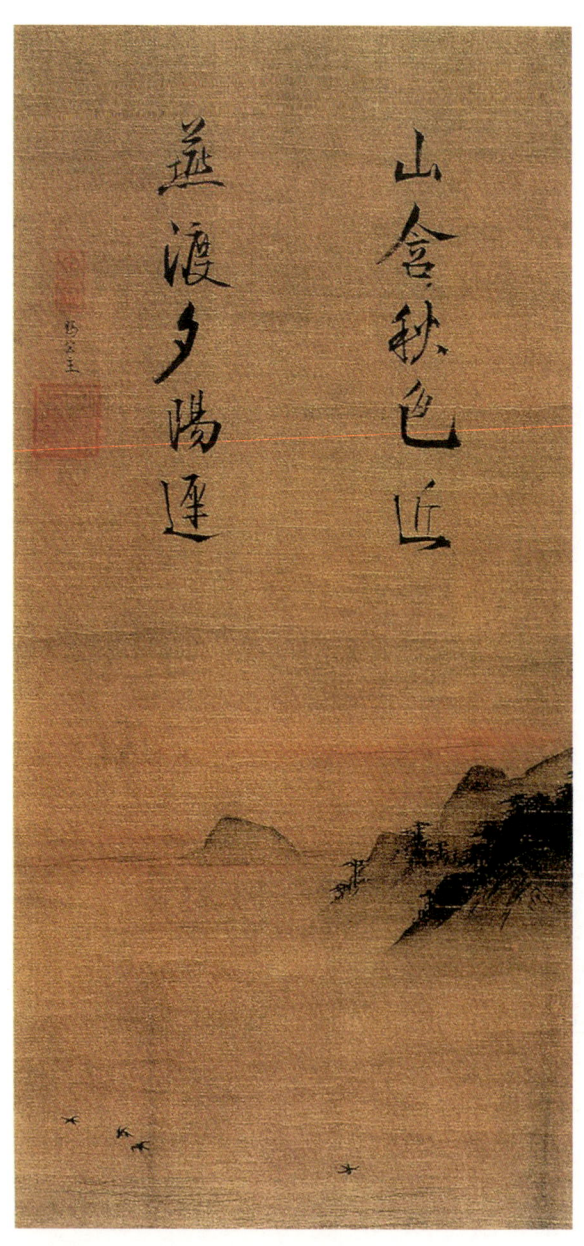

宋　马麟《夕阳秋色图》　根津美术馆藏

"端平更化"虽然给南宋带来了一丝希望，但改革措施只停留于表面，无法落地实施，治标不治本，且朝令夕改，最终无所建树。此时的宋理宗，对外要面对大蒙古国军队狂风骤雨般的进攻，对内要面对朝廷内部的纷乱复杂。更闹心的是，自己无子，他将唯一的亲弟弟的独苗接入宫中，立为太子，但这个孩子生母出身卑贱，被正妻欺压，被逼服药打胎，胎没打下来，药效却影响了这个孩子的智商。任宋理宗怎样给他配备良师教导，始终不能学好，朝中大臣换太子之声又屡禁不止，经常把理宗气得够呛。无论国事还是家事，都是一地鸡毛。他已经失去斗志，心灰意懒。朝政付于公主的亲舅舅贾似道。

这种情况下，公主成了宋理宗最柔软的情感寄托。为何要将"鸟"改成"燕"呢？燕子是一种怀旧的鸟，飞得再远，还记得曾经的屋檐下的窝。燕子筑巢后，每年都会回来。

如何画出"夕阳迟"中的"迟"意？太难了。但马麟却用了几抹红霞做到了。夕阳落入山头云雾之中，带着眷恋和不舍。最后的余晖，化作云岚中的一抹温柔。这些布置，是专为图下方的四只飞翔的燕子而布置的。

为何是"秋"呢？公主出嫁这一年，宋理宗五十七岁了，到了人生的秋季。看到宋理宗了吗？其实他就在画中。就在公主出嫁的前一年，他过继了侄子为儿子，立了太子。公主的生母贾贵妃已去世，所以，宋理宗的家庭成员便是四位，即帝后与一子一女。画面中四只飞翔在云岚晚霞中的燕子，即象征宋理宗一家人。四只燕子中，有一只离得较远，那是出嫁的公主。希望这只燕子经常回来看望老巢中的老父亲。

夕阳的余晖迟迟不肯褪去，四只燕子一起飞翔在温柔的晚霞中，宋理宗是多么眷恋这个美好的时刻！虽然诗中提到的是秋色，可是我们在画面中却并未感受到秋意，反倒有一种无边的温暖。

**图书在版编目（CIP）数据**

南宋四雅：书画器物中的南宋生活美学 / 许丽虹，梁慧著. -- 杭州：浙江大学出版社，2025.4. -- ISBN 978-7-308-25861-6

Ⅰ．B834.3

中国国家版本馆CIP数据核字第2025V88S93号

## 南宋四雅：书画器物中的南宋生活美学
许丽虹　梁　慧　著

| 特约策划 | 稻田读书·周华诚 |
|---|---|
| 责任编辑 | 闻晓虹　罗人智 |
| 责任校对 | 陈　欣 |
| 封面设计 | 王　芳　丁文菁 |
| 出版发行 | 浙江大学出版社 |
| | （杭州市天目山路148号　邮政编码310007） |
| | （网址：http://www.zjupress.com） |
| 排　　版 | 杭州林智广告有限公司 |
| 印　　刷 | 杭州钱江彩色印务有限公司 |
| 开　　本 | 880mm×1230mm　1/32 |
| 印　　张 | 10.75 |
| 字　　数 | 280千 |
| 版 印 次 | 2025年4月第1版　2025年4月第1次印刷 |
| 书　　号 | ISBN 978-7-308-25861-6 |
| 定　　价 | 88.00元 |

版权所有　侵权必究　　印装差错　负责调换

浙江大学出版社市场运营中心联系方式：0571-88925591；http://zjdxcbs.tmall.com